# 宇宙は

## どのような時空でできているのか

郡 和範 著

*Kohri Kazunori*

⊕ **1-1-4 かに星雲**
ガス状星雲（Nebula）の代表ともいえる「かに星雲」。我々の銀河（天の川銀河）内に存在し、1054 年に超新星爆発を起こした。藤原定家の『明月記』にも記録が残っており、昼間でも肉眼で見えたという。（写真提供：国立天文台）

⊕ 1-1-5 アンドロメダ銀河
我々の銀河に一番近い（200 万光年）、お隣のアンドロメダ銀河。最新の研究では、天の川銀河の4倍くらい大きいとされ、40 億年後には、我々の銀河と衝突し、合体すると考えられている。（写真提供：国立天文台）

### ⊕ 2-2-3 液体キセノンはダークマターへの感度がよい？

岐阜県神岡の地下 1000 mに設置された、XMASS実験に使われている液体キセノンの検出器。ダークマターの検出で期待されている。
（写真提供：東京大学宇宙線研究所 神岡宇宙素粒子研究施設）

### ⊕ 2-3-2 重力レンズ効果で同じ銀河が多数に分かれて見える

重力レンズ効果で、同じ銀河が多数に分かれて見えている。重力レンズ効果を観察することで、ダークマターの分布等を知る手がかりになる。（出所：NASA（Hubble））

⊕ 2-4-2 ケンタウルス座の球状星団

ダークマターは球対称のまま存在していると考えられているが、球状星団は銀河の回転運動に影響を受けておらず、ダークマターよりも恒星同士の重力で球形になっている。
(出所：NASA)

⊕ 3-3-1 COBE 衛星による CMB の温度ゆらぎの非等方性の全天マップ
（出所：NASA）

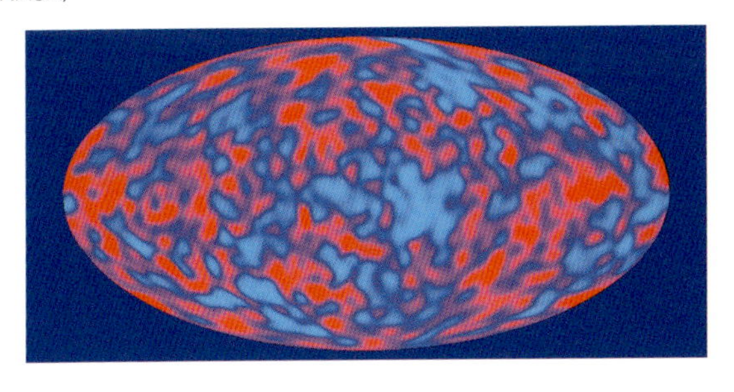

⊕ 3-3-2 WMAP 衛星による CMB の温度ゆらぎの非等方性の全天マップ
（出所：NASA）

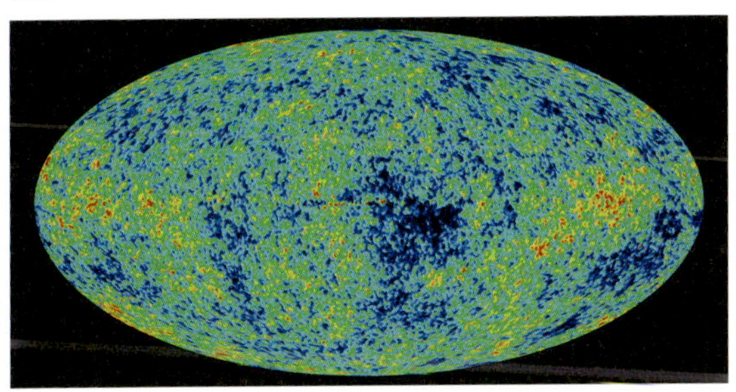

⊕ 3-3-3 Planck 衛星による CMB の温度ゆらぎの非等方性の全天マップ
（出所：ESA）

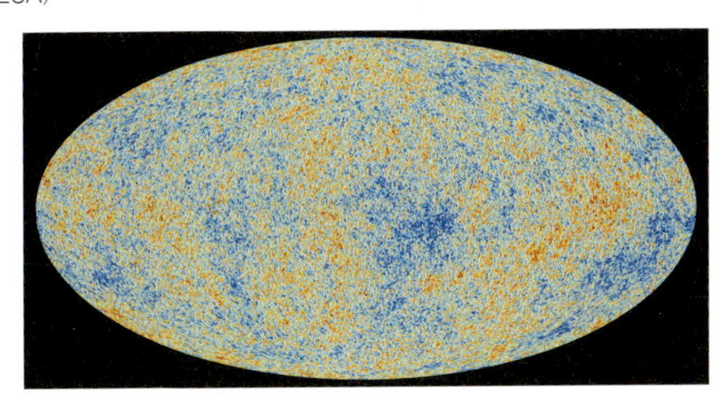

宇宙の 10 万分の1の温度ゆらぎを示す画像。上から米国 COBE 衛星、WMAP 衛星、EU の Plunck 衛星の全天マップ。

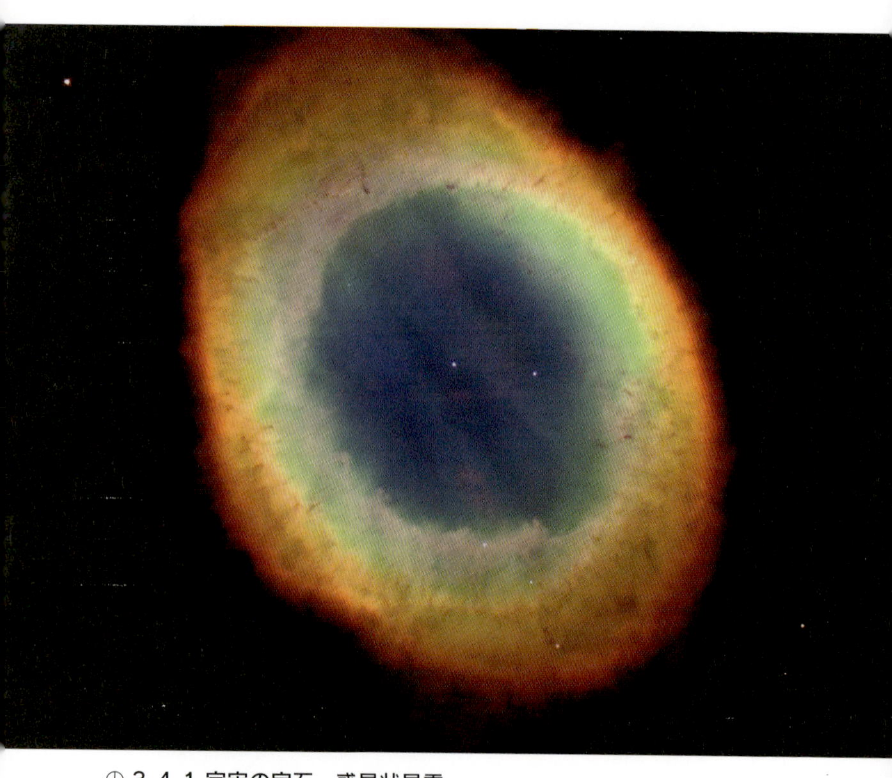

⊕ 3-4-1 宇宙の宝石、惑星状星雲
（出所：NASA）

⊕ 3-5-2 高赤方偏移の Ia 型超新星爆発
高赤方偏移の Ia 型超新星爆発の様子。（出所：NASA（Hubble））

⊕ 4-7-1 チリ・アタカマ高地に設置された POLARBEAR 望遠鏡
チリ・アタカマに設置された POLARBEAR 望遠鏡。重力波の検出に期待がかかる。
（写真提供：高エネルギー加速器研究機構（KEK））

# はじめに

私が父から宇宙の話を教わりはじめたのは、保育園に入る５歳頃のことでした。宇宙をテーマにしたSFアニメをテレビで見始めたのがきっかけだったと記憶していますが、「この世で一番すごいエネルギーは何？」というような質問を、弟たちと共に繰り返し父に尋ねたことを覚えています。エンジニアだった父の回答は、「星が壊れたり、星と星がぶつかったりしたときのエネルギーだよ」というものでした。

現在、この答えは正しいものといえます。重い恒星の死である超新星爆発（重力崩壊型）では途方もないエネルギーを放出します。また、ブラックホールの周りでジェット状に放出されるというガンマ線バーストは、宇宙最大の爆発とも形容され、現在の宇宙物理学のホットな研究テーマの一つとなっています。

しかし、宇宙のはじまりの頃にはもっとすごい爆発がありました。宇宙の丸ごと全部を火の玉にする、ビッグバンという宇宙初期の“大爆発”です。

本書では、宇宙には我々が見ることのできるエネルギーだけではなく、実は「暗黒物質（ダークマター）」や、「暗黒エネルギー（ダークエネルギー）」と呼ばれる“見えないエネルギー”が満ち満ちているという話も紹介します。それらの見えないエネルギーの総量は、我々が見ることのできる原子・分子など「通常の物質」の約20倍のエネルギーに相当するのです。

つまり、現在の宇宙に登場する役者のうち、光で見えるスタッフは少数派の脇役で、主役は見えない暗黒のスタッフということになります。SF 映画のように言えば、「宇宙はすでに暗黒面に飲み込まれてしまっている」という、かなり深刻な（？）事態に陥ってしまっているわけですね。

本書では、宇宙全体について、その誕生の姿、現在の姿、未来の姿についての「わかっていること」と、「わかっていないこと」を紹介していきます。このように宇宙全体の進化を扱う学問分野は、宇宙物理学の中でも「宇宙論」と呼ばれる分野です。本書を通じて、読者のみなさんに、現代の宇宙論には、プロの理論物理学者にもわかっていないことがたくさんある、ということをお伝えできれば、著者として幸いです。

このような宇宙論をはじめとする、物理学に関する最新の知見自体は、文系、理系を問わず、人類全体の財産だと思うのです。それを知るためには、私が幼児だった頃のように、最初は耳学問のような簡便法でも一向に構わないと思います。

なお、本書では、随所に、この宇宙は人間が住む宇宙として、不思議なほど“都合がよく”できているという話をします。例えば、「ダークエネルギーの量が現在より 1000 倍でも多ければ、宇宙はもっと早くに第２のインフレーションをしてしまって、銀河はつくられない 」とか、「中性子の寿命が約 900 秒よりずっと短かったら、宇宙にこのように多様な元素はできなかった」などです。ダークエネルギーの量をより少なくしたり、中性子の寿命をより長くするのは、物理的にはもっと不自然なため、それらの問題は深刻なのです。

この“都合のよさ”の具合は、本当に解かれていない問題であり、その不思議さ加減を、本書により感じ取っていただけたら、幸いに存じます。

これまで、星、宇宙初期、素粒子論などについて、理論宇宙物理学の専門家によって包括的に書かれた入門的な一般書はないように思われましたので、このように筆をとった次第です。

本書では、部分的に私の講演でのプレゼンテーションファイルが原稿の下地になったこともあり、努めて難しい表現は避け、主に口語体での表現となっています。そのような表現を修正せずに、むしろ講演のライブ感を残せるのではないかとも思い、意図的に採用しました。

また、私が無意識に使ってしまい、ともすれば専門家向けのような表現を、粘り強く、一般目線の表現に修正してくださった、編集工房シラクサの畑中隆さんに感謝いたします。そして、このような機会を与えてくださったベレ出版の坂東一郎さんに感謝いたします。

ふるさとで年の瀬をすごしながら

郡 和範

# CONTENTS

## 3章 「ダークエネルギー」が宇宙の将来を決める！ 63



## 4章 宇宙創生からインフレーション膨張の宇宙へ 109

## 5章 ビッグバンで元素が生まれた　155



## 6章 物質から「素粒子の世界」へ　183

## 7章 「超弦理論」が宇宙の謎を解き明かす　235



## 付録　267

# 1章

# 宇宙は
# どのようにして
# できて
# いるのか？

# 1 「宇宙」とは「時間」＋「空間」

## ●「宇宙」という言葉には「時空」を表わす意味がある

私たちはふだん、「宇宙」という言葉を使っていますが、この言葉は本来、「空間・時間」を表わすもので、実にフィットしたものといえます。

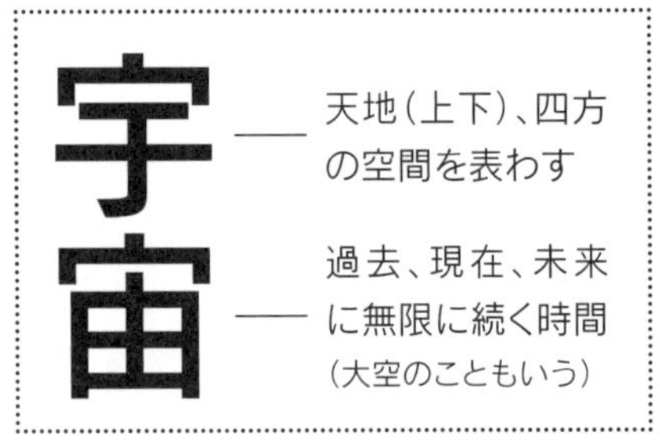

宇
天地（上下）、四方の空間を表わす
宙
過去、現在、未来に無限に続く時間
（大空のこともいう）


もともとは中国語からきていて、「宇」は天地・左右・前後の四方八方に広がっている「空間」を指します。そして「宙」は過去、現在、未来までの「時間」の流れを表わします。だから、「宇宙」の２文字でちょうど「時空」を表わしていることになるのです。

「え？　宇宙って、“空間”を指すのではないの？　時間は関係ないでしょ？」と思う方もいるかもしれませんが、そうではありません。いきなり物理の話になりますが、たしかにニュートン力学では、「空間と時間とは無関係」なものとして扱われてきました。けれども、アインシュタインの相対性理論では、

「時間と空間が一体となって『時空』ができている。時間と空

　　間は区別できるものではない」
というのが、現在の宇宙に対する考え方です。
　その意味では、「宇宙」という言葉は単なる偶然かもしれませんが、

　　**「宇宙＝時間＋空間」**

というのは、みごとに宇宙を言い表わしているのです。

## ●宇宙空間の広がりを見る

　そこで、「宇宙」の意味する一つ目、「空間的な広がり」を見ていくことにしましょう。宇宙とはどのようなものか、どう生まれ、何でできているのか、人類は宇宙の真実にどこまで迫ってきたのかを理解するうえでも、最初に「宇宙の姿」を見ておくことは大切です。
　宇宙の大きさを知るという意味では、「大きさの基準」を「人間」に置くと便利です。人間のスケールは「約１m」と考えることができます。おとなの身長は1.5 ～ 1.8 mぐらいあって1mよりも大きいのですが、これから宇宙のサイズを見ていく上では、１mも２mも大差ありません。
　太陽までの距離、我々の銀河の大きさ、アンドロメダ銀河までの距離など、宇宙の大きさを見ていくときには、$10^8$m とか、$10^{20}$m など、$10^x$m のように指数で表わすことが多いので、ここではキリのよい１mを使うことにしました。１mを指数で表わすと、$10^0$ mです。なお、

　　$10^0$ m＝１m、$10^1$ m＝ 10 m、$10^2$ m＝ 100 m
　　$10^3$ m＝ 1000 m＝ 1km、$10^8$m ＝ 10 万 km、……

となります。これでいうと、地球の大きさ（直径）は、$10^7$ mく

らいといえます。地球は半径が約6400kmなので直径（大きさ）は1万2800km = $1.28 \times 10^7$mです。ここでも1.28を丸めて1（1.28 ≒ 1）と考えて、$10^7$mということにしましょう。

では、太陽までの距離はどうでしょうか。$1.5 \times 10^{11}$ mなので、$10^{11}$ mのスケールです。

太陽の周りを地球が1年かけて回る公転軌道は、約10億km = $10^{12}$ mです。すべて大ざっぱな計算ですから、あまり端数にはこだわらないでください。また、「約」という言葉も省くことにします。

次に太陽系で最も遠い海王星までの距離は100億km = $10^{13}$m。太陽系がどこまで続いているのかは明確ではありませんが、海王星の外に「**オールトの雲**」という彗星の巣があるとされています。

太陽系を飛び出していくと、太陽系に一番近いのがケンタウルス座の$\alpha$（アルファ）と呼ばれる恒星です。**恒星**というのは太陽と同じように、自分自身で光る星のことです。ケンタウルス座$\alpha$までの距離はおよそ4.3光年= $4.3 \times 10^{16}$ mです。

ここで、「$\alpha$」と「光年」という言葉が出てきました。

宇宙の話の中で**$\alpha$**（アルファ）という場合は、「その星座の中で一番明るい恒星」という意味で付けられています。星座の中で2番目に明るい恒星には$\beta$（ベータ）の名前が付けられます。

**1光年**というのは「年」といっても時間ではなく「光が1年をかけて走る距離」のことです。光は1秒間に30万kmを走るので、

$$
\begin{aligned}
1\text{光年} &= (30\text{万} \times 10^3\text{m}) \times 60 \times 60 \times 24 \times 365 \\
&= 9.46 \times 10^{15}\text{m} \fallingdotseq 10 \times 10^{15}\text{ m} \\
&= 10^{16}\text{m}
\end{aligned}
$$

となり、「**1光年 = $10^{16}$m**」です。ということで、ケンタウルス

⊕ 1-1-1 宇宙の大きさを測ってみる（地球の直径〜公転軌道まで）

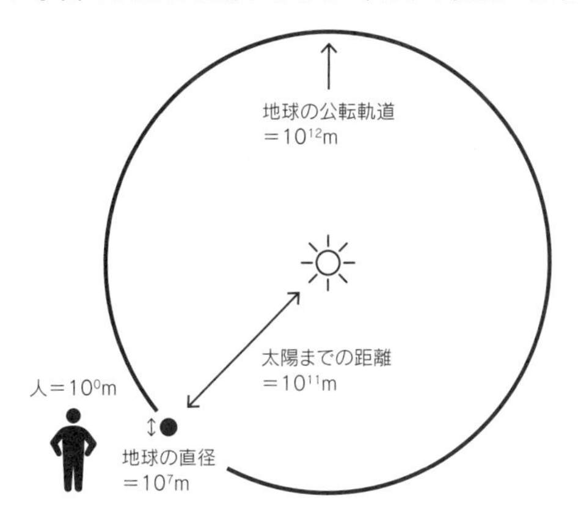


座αまでの距離が4.3光年ということは、$4.3 \times 10^{16}$mの距離、つまり$10^{16}$mのスケールだとわかるわけです。

　では、われわれの住んでいる「天の川銀河」の大きさはどのくらいあるのでしょうか。

## ●天の川銀河の直径は10万光年ある

　夜、天の川をご覧になったことのある方も多いでしょう。地球から我々の銀河の中心部分を見ると、恒星の密度が非常に高いため、まるでミルクをこぼしたように見えます。これが「**天の川（Milky Way）**」で、我々の銀河の中心方向以外は恒星がまばらに点在しているため、川のようには見えません。我々の銀河は2000億個もの恒星をもつ大集団です。

　私たちが肉眼で見ている星（恒星）は、すべて「天の川銀河」内のものです。望遠鏡でも使わない限り、我々の銀河の外にある１つひとつの恒星を肉眼で見分けることはできません。恒星だけ

### ⊕ 1-1-2 天の川銀河の想像図

2000 億個の恒星から成り立っている。太陽系は中心から 2 万 6100 光年の位置に。
1 万光年＝ $10^{20}$m

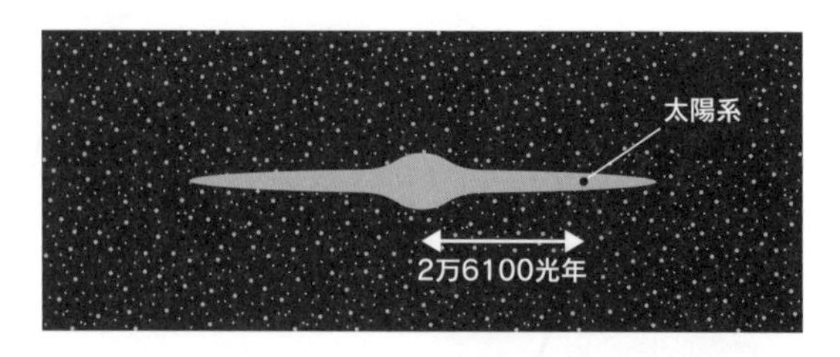


### ⊕ 1-1-3 天の川銀河内での太陽系の位置

太陽系は天の川銀河の第3腕という渦巻きの中にある。渦巻きは粗密波を表わしていて、恒星の密度が高く、星が多くつくられているところが明るくなっている。（出所：NASA）

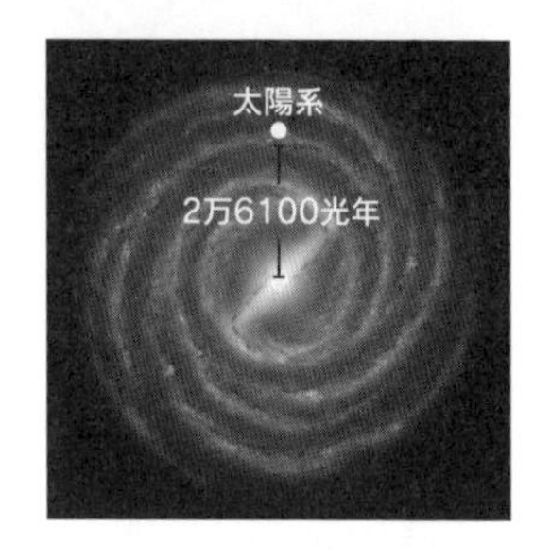


でなく、星座も同様で、肉眼で識別できる星座（オリオン座、カシオペア座など）も、そのほとんどは我々の銀河内のものです。

そこで我々の銀河のスケールですが、その直径は10 万光年、厚さは3 万光年あります。「1 万光年＝ $10^4 \times 10^{16} = 10^{20}$m」でしたから、10 万光年なら、

10 万光年（我々の銀河の直径）＝ $10^{21}$m

となります。

ところで、ときどき見かける天の川銀河の画像（図 1-1-3）ですが、これはホンモノの写真ではなく、想像図です。天の川銀河の写真を撮ろうとすると、天の川銀河の外に出ないといけないからですが、では、どのようにして天の川銀河の画像をつくっているのでしょうか。

それは恒星の集まり具合、恒星までの距離、その方向などのデータを全天（宇宙の天球）から集め、それを再構築することで「まるで外から見た画像」であるかのように描いているのです。

例えば、アメリカの電波衛星 COBE（コービー：Cosmic Background Explorer ＝宇宙背景放射探査機）で集めたデータをもとにつくられます。その場合、可視光ではなく電波でとらえた画像なので、本当の恒星を表わしているわけではありません。ただ、電波が出ている部分を「明るいところ＝恒星」と考えることで作成されています。１枚の画像ができるまでには、さまざまな苦労があるのです。

## ●天の川銀河を離れてアンドロメダ銀河へ

さて、天の川銀河のすぐ隣の天体は、「**大マゼラン雲**（Large Magellanic Cloud）」と「**小マゼラン雲**（Small Magellanic Cloud）です。「大マゼラン星雲」「小マゼラン星雲」と呼ぶ人もいますが、これらは正確には「星雲」ではありません。

ガス状の星雲は「**Nebula**」であり、かに星雲、馬頭星雲などがあります。それに対し、大マゼラン、小マゼランは「**Cloud**」と呼ばれ「星雲」とは区別されます。実際、Cloud という場合はガス星雲ではなく、小型の銀河*です。このため、大マゼラン銀河、小マゼラン銀河と呼ぶこともあります。

いずれも天の川銀河のような大きな銀河ではなく、天の川銀河に寄り添う形の小さな銀河のため「**伴銀河**」と呼ばれています。大マゼラン雲、小マゼラン雲ともに、直径は1.5 万光年ほどです。天の川銀河の大きさが10 万光年なので1/6 ～ 1/7 のサイズです。

大マゼラン雲までの距離は天の川銀河からおよそ16 万光年の

位置に、小マゼラン雲は20万光年の位置にあります。これは$10^{21}$ mのスケールです。マゼラン隊が世界一周（1519～1522）の航海に出た際、北半球では北極星を目印にし、南半球では白っぽい星雲を目印にして航海し、大マゼラン、小マゼランについて記録していたことから現在の名がついています。

さて、我々の銀河に一番近いお隣の銀河といえば、「**アンドロメダ銀河**（Andromeda Galaxy）」です。昔は我々の銀河内の星雲の一つと考えられていたので「アンドロメダ大星雲」と呼ばれていました。その後、我々の銀河の外にある銀河だとわかったので、現在では「大星雲」ではなく「銀河」と名称が変更になっています。

では、星雲と銀河とは具体的に何がどう違うのかという疑問が出てくるでしょう。

星雲（Nebula）は、宇宙塵や星間ガスが重力でまとまっているものです。恒星の集まりではありません。星雲の中には、光を発しない **暗黒星雲** もありますが、近くの恒星の光を反射し、まるで銀河のように輝く星雲もあります。たとえば、かに星雲は超新星爆発の後に残った残骸が光っているものです。

星雲に対し、**銀河**（galaxy）というのは「恒星の巨大な集団」のことをいいます。アンドロメダはその意味では「大星雲」ではなく、「巨大銀河」です。

＊銀河 … 私たちの住む天の川銀河のことを「我々の銀河」、その他を「銀河」と呼んで区別しています。

## ●40億年後、アンドロメダ銀河は我々の銀河と衝突する

長い間、アンドロメダ銀河は我々の銀河と同じぐらいの大きさ

⊕ 1-1-4 かに星雲 口絵
（写真提供：国立天文台）

⊕ 1-1-5 アンドロメダ銀河 口絵
（写真提供：国立天文台）

と見られていましたが、最新の研究では我々の銀河の4倍くらい大きいといわれています。我々の銀河からの距離は、およそ200万光年で、$10^{22}$m のスケールです。

200万光年＝$2 \times 10^{22}$m

アンドロメダ銀河には「M31」という別の名前がついていて、「メシエ（フランス人）の付けた31番目の銀河」という意味です。Mから始まる銀河のカタログを「**メシエカタログ**」といいます。

ところでアンドロメダ銀河に関していうと、少し怖い話があります。我々の銀河とアンドロメダ銀河とは、いまから40億年後には衝突し、合体すると考えられていることです。「宇宙は膨張し、離れていく」ことが観測から知られていますが、その動きに反してアンドロメダ銀河と我々の銀河はその巨大な重力によって近づき、そして衝突しようとしています。

ただ、我々の銀河もアンドロメダ銀河も中はスカスカの空間ですから、太陽系には被害はないと考えられています。

# 2 宇宙は大きな構造でできている

## ●ボイド構造とフィラメント構造

天の川銀河からマゼラン銀河、アンドロメダ銀河などを通り過ぎ、近くにある他の銀河をも飛び超えていくとどうなるか。

宇宙には、無数の銀河があります。はるか遠くの光なので恒星に見誤りがちですが、肉眼では我々の銀河の外の恒星を見分けることはできませんから、それらはすべて我々の銀河の外の銀河です。

では、我々の銀河の外に行ったとき、どんな銀河があるのか。それを観測したのが「**SDSS**（Sloan Digital Sky Survey）」で、かつては「**2dF**（2dF 銀河赤方偏移サーベイ＝ 2dF Galaxy Red shift Survey）」というプロジェクトもありました。次ページの写真に映っているのはシミュレーションではなく、すべてホンモノの銀河です。

2dF サーベイ計画で観測（可視光）した銀河を3D に置いてみると、1つの地図ができあがります。この地図の作成によって、宇宙の **大規模構造** がより詳しく明らかにされました。つまり、恒星のほとんど存在しない領域（**ボイド** という）と、多数の銀河が集まっている領域（**フィラメント**）に分かれることがわかった

⊕ 1-2-1 宇宙最遠方の銀河団
（写真提供：国立天文台）

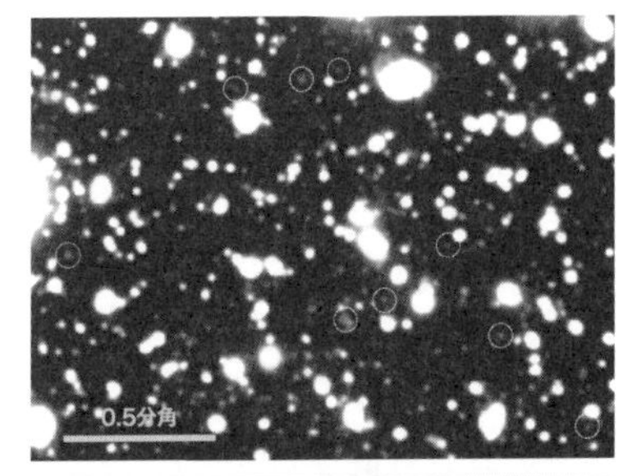


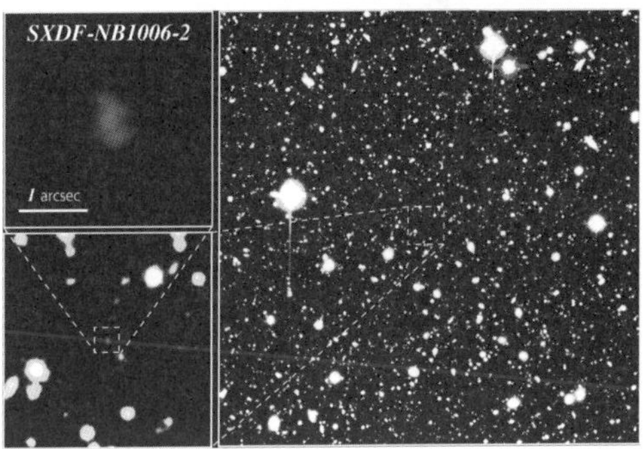


⊕ 1-2-2 遠い銀河の観測 SDSS
（出所：SDSS）

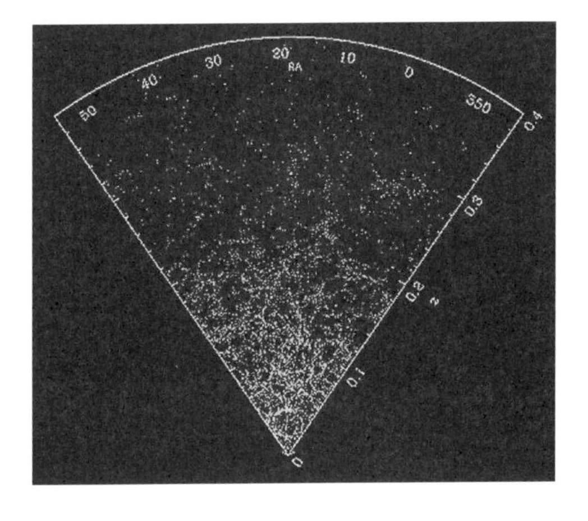

のです。小さいスケールで見ると、宇宙は一様に分布していないのです。

では、なぜこんな粗密の宇宙になったのか。なぜ無数の銀河はこのような形で分布しているのか。それをスーパーコンピュータを使うことでシミュレーションしてみることができます。

その手順を見てみましょう。まず、宇宙の初期には「**ダークマターのムラ**（偏り）」があったとされています。そのムラは「**ゆらぎ**」と呼ばれます。そのゆらぎをコンピュータにインプットして、その後、そのゆらぎがどう発達するかを計算させます。

じつは、宇宙初期に少しのゆらぎさえあれば、濃いところには重力が物質を集め、その集まった物質によって重力がますます強くなり、さらに物質を集めます。逆に、物質の薄いところはさらに薄くなっていく。最初の小さなゆらぎが大きく拡大していくのです。

このフィラメント状とボイド状に分布する銀河の集まりをシミュレーションで再現できるのです。このフィラメント部分のように、銀河が多数集まっている部分は「**銀河団**」に対応しています。だいたい1000万光年（$10^{23}$m）のスケールです。

最近話題になっているのは、それらの銀河団をも含む「**超銀河団**」の存在で、これこそ宇宙でいちばん大きな構造と考えられていて、大きさが1億光年（$10^{24}$m）くらい。英語で「**スーパークラスター**（集団、群れ）」と呼ばれています。

## ●ラニアケア超銀河団に我々の銀河は属していた

我々の銀河はどのような銀河団の中に属しているのでしょうか。我々の銀河やアンドロメダ銀河をはじめ、40ほどの銀河が集まっ

⊕ 1-2-3 我々の銀河が属するラニアケア超銀河団
（出所：Brent Tully（U.Hawaii） et al.SDvision,DP.CEA/Saclay）

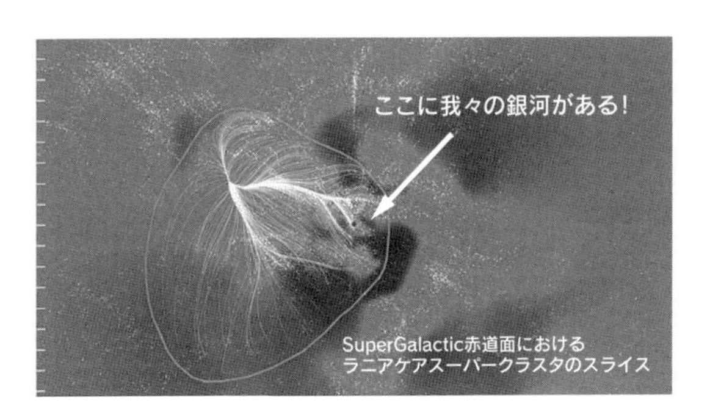


ているのが「**局所銀河群**（局部銀河群）」です。我々の銀河が属する「局所銀河群」の大きさ（直径）はおよそ650万光年ほどとされています。この銀河群のなかでは、アンドロメダ銀河と我々の銀河のように、互いに衝突を繰り返すものもある、と考えられています。

それから1000万光年ほど離れた場所に、同様の銀河群が存在し、さらに5000万光年離れた場所には、超銀河団と呼ばれる「**おとめ座超銀河団**」が存在しています。その意味でいうと、我々の銀河はおとめ座超銀河団などの大きな銀河団の構成から外れているように思われていました。

しかし、2014年9月、ハワイ大学のグループは我々の銀河は、より大きい「**ラニアケア超銀河団**」に属すると発表しました。ラニアケアとはハワイ語で「無限の天空」を意味する言葉で、ラニアケア超銀河団の直径は5億2000万光年、質量は太陽の$10^{17}$個分（10京（けい）個分：1京（けい）＝10000兆）といいます。

これらも含めて「**宇宙の大規模構造**」といいます。1億光年スケールの超銀河団の中に1000万光年スケールの銀河団、その中に

### ⊕ 1-2-4 宇宙の構成マップ――我々の銀河の位置はどこに？

| 超銀河団 | 銀河団 | 銀河 | 伴銀河 |
| --- | --- | --- | --- |

- ラニアケア超銀河団（おとめ座超銀河団も含む）
  - 局部銀河群
    - 我々の銀河
      - 大マゼラン雲
      - 小マゼラン雲
      - おおいぬ座矮小銀河
      - いて座矮小楕円銀河
      - …………
    - アンドロメダ銀河
    - さんかく座銀河
    - …………
  - おとめ座銀河団
  - おとめ座III銀河群
  - りょうけん座銀河団
  - おおくま座銀河団
  - ろ座銀河団
  - しし座銀河団
  - かじき座銀河団
  - エリダヌス座銀河団
  - …………
- ペルセウス座・うお座超銀河団
- うみへび座・ケンタウルス座超銀河団
- シャプレー超銀河団

銀河……のように、すべてが「入れ子構造」のようになっています。

## ●宇宙のどこも特別な場所ではない「宇宙原理」

さて、超銀河団のスケールが典型的には1億光年、その中でも大きなラニアケアが5億光年といいましたが、それ以上に大きな100億光年のスケールで見たとき、宇宙はどう見えるでしょうか。

このスケールまでくると、今度は宇宙の粗密といった特徴的な宇宙構造は見えなくなり、どこも「一様で等方に分布」しているように見えます。これを「**宇宙原理**」といいます。宇宙原理とは、「どこも特別な場所ではない」ということを意味します。

人類は長い間、自分たちのことを「特別な存在だ！」と思ってきました。宇宙は地球を中心に回っている、という天動説もその1つです。古代ギリシアのプトレマイオス以来、ずっとそう考えられていました。

そして、地動説を積極的に唱えたガリレオ（1564～1642）は宗教裁判にかけられました。その頃、デンマークのティコ・ブラーエ（1546～1601）が惑星運動に関して詳細な観測を残し、弟子のケプラー（1571～1630）がそのデータから「**ケプラーの3大法則**」を見つけています。

ケプラーの法則では、「地球は太陽の周りを楕円軌道で回っている」ということから、「地球は決して太陽系の中で特別な存在ではない」ことが導き出されます。地球は特別ではなく、さらに太陽でさえも特別な存在ではありません。

17世紀に登場したニュートン（1643～1727）によるニュートン力学では「絶対空間」を仮定し、「空間とは、ただの容れ物だ」と考えます。空間が広がったり、収縮して潰れたりはしない。

止まっている。その空間に対し、時間というものは過去から未来に流れるもので、その意味では「時間と空間とはまったく無関係」というのがニュートン力学の考え方でした。これを「**ニュートンの宇宙モデル**」といいます。

たしかに、私たちの日常生活では、時間と空間とは、何の影響もありません。ただ、例外もあります。たとえば、カーナビは一般相対性理論を使い、重力による「時間の遅れ」を考慮しています。このように、現代の先端製品を見ると、すでにニュートン力学とは相容れないものも登場してきているのです。

# 3 宇宙の研究者は2タイプ

## ●「理論家」は紙と鉛筆で仕事をする

宇宙を見る場合、大きく2つのタイプの研究者がいます。

一つは「**理論家**」と呼ばれる人たちです。理論家は新しい宇宙理論を発見したり、考えたりします。それは言葉での説明も可能ですが、基本的には方程式などを使います。宇宙のしくみを解明したり、説明する「方程式」——これを発見したり、つくることが理論家の仕事です。ですから、私も含め、理論家は「紙と鉛筆」で仕事をします。意外かも知れませんが、私は望遠鏡で毎夜、空を覗くわけではありません。

もう一つ、「**実験家**」と呼ばれる研究者がいます。この人々は、日夜、望遠鏡で宇宙を覗き、さまざまな観測をしています。地上の望遠鏡や、人工衛星に積んだ望遠鏡を使って観測し、得られたデータを解析することなどが主な仕事です。

両者はまったく別々というわけではありません。たとえば、理論家がつくった「新理論」を、それが本当かどうかを望遠鏡で検証するのは実験家の仕事です。

逆に、実験家による観測結果をもとに、理論家はその観測結果を説明する新しい理論をつくろうとします。その意味で、両者は互いに協力して、宇宙解明という１つの目的に沿って研究をしているのです。これが理論家と実験家の仕事です。

実はもう一つ、シミュレーションをする人たちがいます。理論家の範疇に入れることもありますが、第三の研究方法といえるかもしれません。高速なコンピュータを使って宇宙の成り立ちなどをシミュレーションし、現実の宇宙と合致するか否かなどを比べます。これら３つの種類の仕事を１人で全部こなす人もいます。

## ●実験ではなく「観測」と呼ぶ理由は何か

いま、「実験家」という言葉を使ってきましたが、宇宙や素粒子を研究する場合、とくに超弦理論（スーパーストリング理論、超ひも理論ともいう）や重力理論の研究者の場合、実験できないことも多いのが実情です。

ですから、宇宙物理学や天体物理学の研究では、「実験」とはいわず、「**観測**」と呼ぶことが多いのです。なぜかというと、「実験で宇宙を再現できない」からです。本書で説明する宇宙の誕生、インフレーション膨張、ビッグバン、そして余剰次元、パラレルワールドも実験で再現し、確かめることはできません。ブラックホール一つでさえ、人間は実験でつくり出すことはできないのです。

地上でも同様です。宇宙から降り注ぐ宇宙線が原子などにあたってどうなるか、ひたすら衝突するシーンを待ち構え、「観測」するのです。

だから、実験ではなく「観測」と呼んでいます。これが加速器実験などの地上の物理学と宇宙物理学（宇宙論）との大きな違いです。

## ●観測はすべて「間接的」に

「観測する」といっても、16 世紀〜 17 世紀のティコ・ブラーエやケプラー、ガリレオの時代のように「肉眼で見る」とか「可視光の望遠鏡で見る」以外は、すべて間接的な観測です。といっても、直接か間接かを区別することは、いまでは無意味になってきました。たとえば、可視光望遠鏡での観測でさえ、CCD カメラによってデジタル処理をしているほどです。

間接的な観測で長い歴史のあるのが「電波」です。**電波望遠鏡**、あるいは**干渉計**というものを使います。電磁波にはさまざまな波長があり、赤外線であれば、赤外線レンズ（ハワイのすばる望遠鏡）、そして紫外線やX 線ではシンチレーションという機械を使います。

⊕ 1-3-1 電磁波の波長とエネルギー

| 分類 | 波長 nm | 周波数(振動数) THz | 光子のエネルギー eV |
|---|---|---|---|
| ガンマ線 | $< 0.01$ | $> 3\times10^{7}$ | $> 1\times10^{5}$ |
| X線 | $0.01\sim10$ | $3\times10^{7}\sim3\times10^{4}$ | $1\times10^{5}\sim100$ |
| 紫外線 | $10\sim380$ | $3\times10^{4}\sim800$ | $100\sim3$ |
| 可視光線 | $380\sim760$ | $800\sim400$ | $3\sim1.6$ |
| 赤外線 | $760\sim1\times10^{6}$ | $400\sim0.3$ | $1.6\sim1\times10^{-3}$ |
| 電波 | $> 1\times10^{5}$ | $< 3$ | $< 0.01$ |
| マイクロ波 | $1\times10^{5}\sim1\times10^{9}$ | $3\sim3\times10^{-4}$ | $0.01\sim1\times10^{-6}$ |
| 超短波 | $1\times10^{9}\sim1\times10^{10}$ | $3\times10^{-4}\sim3\times10^{-5}$ | $1\times10^{-6}\sim1\times10^{-7}$ |
| 短波 | $1\times10^{10}\sim1\times10^{11}$ | $3\times10^{-5}\sim3\times10^{-6}$ | $1\times10^{-7}\sim1\times10^{-8}$ |
| 中波 | $1\times10^{11}\sim1\times10^{12}$ | $3\times10^{-6}\sim3\times10^{-7}$ | $1\times10^{-8}\sim1\times10^{-9}$ |
| 長波 | $1\times10^{12}\sim1\times10^{13}$ | $3\times10^{-7}\sim3\times10^{-8}$ | $1\times10^{-9}\sim1\times10^{-10}$ |
| 超長波 | $1\times10^{13}\sim1\times10^{14}$ | $3\times10^{-8}\sim3\times10^{-9}$ | $1\times10^{-10}\sim1\times10^{-11}$ |
| 極超長波 | $1\times10^{14}\sim1\times10^{17}$ | $3\times10^{-9}\sim3\times10^{-12}$ | $1\times10^{-11}\sim1\times10^{-14}$ |

ガンマ線は電磁シャワー、空気シャワーで光を感知することができます。ニュートリノと呼ばれる素粒子は水の中に入ってきたとき、水の電子をニュートリノが弾き飛ばして発光するチェレンコフ光を検出することでニュートリノの存在を観測しています。

そのほかにも「**重力波**」があります。これはマイケルソン型アンテナと呼ばれるものを地上に置いておき、重力波を検知しようというものです。アンテナの長さが変わることにより見えるという、変わった計測法です。

宇宙線（$10^{20}$ 電子ボルトの高エネルギー）の観測もあります。人工衛星を使うものもあります。電波、赤外線、可視光、X線、ガンマ線は人工衛星も使っています。

粒子の実験という意味では、加速器を使って電子や陽電子などをぶつけ、人工的に新たな素粒子を見つけようとする実験があります。これらについては適宜、触れていく予定です。

# 2章

# 見えない物質「ダークマター」が支配する宇宙

# 1 見えない物質、ダークマター

## ●ツヴィッキーの発見から始まった！

この世界は100個ほどの元素でできている——という常識が覆ったのは、人類が「**ダークマター**」の存在に気づいたときのことです。「見えない物質」とも呼ばれるダークマター。まるでSF小説のようなお話ですが、それを最初に発見したのが、スイスのフリッツ・ツヴィッキー（1898～1974）でした。ツヴィッキーは日本でいえば明治31年生まれの19世紀の人ですので、まずそれが驚きです。

1933年、ツヴィッキーは地球から3億2000万光年にある「かみのけ座銀河団」を観測し、その銀河団全体の質量を測ろうとしました。その方法は二つありました。

一つ目の方法は、かみのけ座銀河団の運動から、全体の質量を測ってみることです。銀河団に属する一つひとつの銀河は、それぞれ勝手な方向に、勝手な速度で動いていますが、各銀河は銀河団を振りきって外に出ていくことはありません。

ということは、運動する各銀河に対して、「銀河団全体の大きな重力」が銀河を留めている、ということです。もし、各銀河の速度が大きければ、それだけ大きな重力で留めておく必要がありま

⊕ 2-1-1 HR 図で見た恒星の生涯と赤色巨星、白色矮星

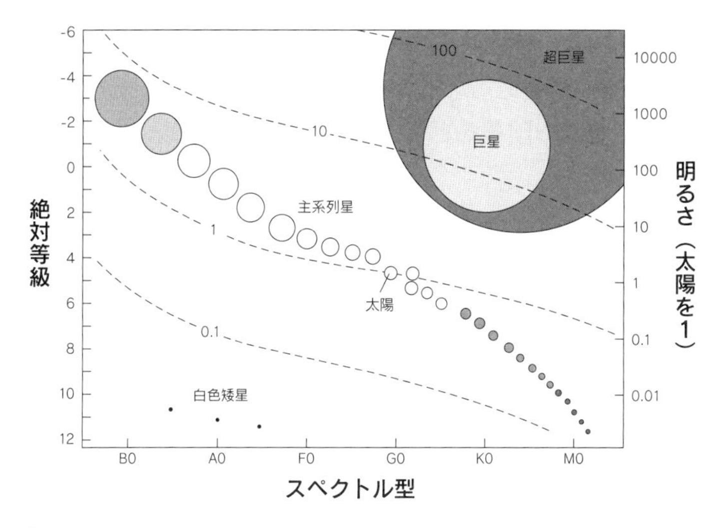


す。

こうして、ツヴィッキーはかみのけ座銀河団に属する銀河の運動の速度から、銀河団全体の質量を求めたのです。

そしてもう一つ、かみのけ座銀河団の質量を測る別の方法も採用しました。それは「銀河の明るさから質量を求める方法」です。恒星は見た目が「明るい星ほど重い星、暗いほど軽い星」ということがわかっています。明るいということは、それだけ恒星の表面温度が高く、放出されるエネルギーが大きいということ。つまり、質量の大きな恒星であることを意味します。

そこで、恒星の明るさと絶対温度をグラフにしたのが**HR 図**（**ヘルツスプルング・ラッセル図**）と呼ばれるもので、左上から右下に規則正しく並ぶのが「**主系列星**」と呼ばれる恒星です。これを見ると、明るい星ほど温度が高く（つまりエネルギー放出量が大きく）、大きくて重い星だとわかります。

ツヴィッキーはこのように二つの方法で、かみのけ座銀河団の質量を測ってみたのです。

## ●400倍もの誤差をどう説明するのか？

本来、二つの方法による結果（質量）は同じにならなければいけません。ところが、ここで400倍もの差が出てしまったのです。運動の速度で測ったほうが圧倒的に質量が大きいとわかりました。

困ったツヴィッキーが出した結論は、「銀河団には『見えない物質』があって、この巨大な質量のおかげで、各銀河を銀河団に閉じ込めているのだ」というものでした。そこでツヴィッキーは「**ミッシング・マス**（missing mass＝欠損質量）」と名付けたのです。これが現在いわれる「**ダークマター**」でした。

しかし、ツヴィッキーの性格は評判がすこぶる悪く、このためか、ツヴィッキーの「ミッシング・マス」に対しても積極的に関与しようという研究者は多くありませんでした。

## ●アンドロメダ銀河の不思議な回転速度に騒然！

その後、1970年代になって事態は大きく進展します。アメリカの天文学者ヴェラ・ルービン（1928～）がアンドロメダ銀河を観測していた際、大きな事実を発見したのです。

その前に、ケプラーの法則をかんたんに復習しておきましょう。

ケプラーの三つの法則のうち、「**ケプラーの第3法則**」は、「惑星の公転周期の2乗は太陽からの平均距離の3乗に比例する」というものです。かんたんに言うと、「太陽から遠い惑星ほどゆっくりと動き、太陽に近い星ほど速く動く」ということです。実際、

⊕ 2-1-2 ケプラーの第三法則

| 惑星 | 公転速度（秒速） |
| --- | --- |
| 水星 | 47.36km /s |
| 金星 | 35.02km /s |
| 地球 | 29.78km /s |
| 火星 | 24.08km /s |
| 木星 | 13.06km /s |
| 土星 | 9.65km /s |
| 天王星 | 6.81km /s |
| 海王星 | 5.44km /s |

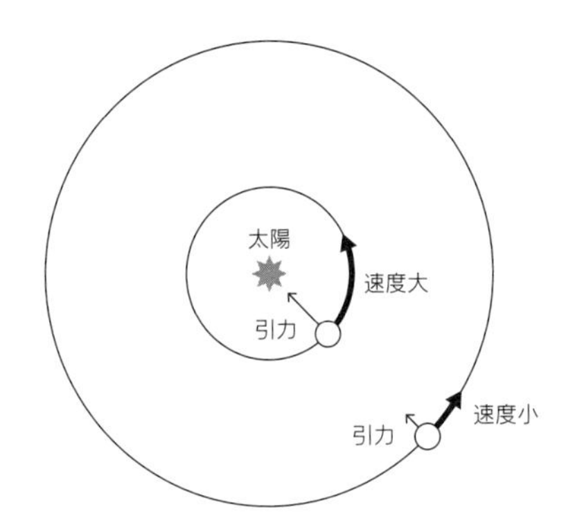


太陽系の場合にはその通りの運動となっています。

内側から外側へと、太陽から離れれば離れるほど、惑星の回転速度は遅くなっていきます。太陽の重力の影響を強く受ける水星は、それだけ高速で運動しないと太陽に呑み込まれるからです。また、遠くの海王星の速度が一定以上に速い場合、太陽系から飛び出してしまいます。

これらのことから、太陽を中心に回転運動している惑星は、「内側は速度が速く、外側では遅く」回ることで「遠心力と重力とのバランス」が取れているのです。

## ●ルービンの発見

そのことは銀河でも同じはずです。ところがルービンがアンドロメダ銀河を観察していると、外側を回る恒星も、内側を回る恒星も、その速度はほぼ一定という観測結果を得ました。これはどうしたことでしょうか。

## ●どのような観察で「速度が同じ」と判断したのか？

まず、理屈としては次のように説明できます。

アンドロメダ銀河は、我々の銀河と同じような渦巻銀河の一つで、星が集まって平たい円盤のような形をしています。星は銀河の中心を軸に回転し、星の数は円盤の内側ほど多くなっています。

そのため、光って見えている星が銀河にあるすべての物質だと仮定すれば、星が多く集まる銀河の内側ほど、星を内側に引っ張る引力（重力）が強くなるのは明らかです。強い重力と釣り合うためには強い遠心力が必要で、内側の星ほど回転運動における回転速度は速くなるはず――これがルービンの考えていた理屈であり、それはケプラーの法則に裏付けられたものです。

そこで実際にルービンのとった行動は、次のようなものでした。

アンドロメダ銀河の恒星、そして星間ガスが回転しているので、そのガス（電離した水素ガス）の回転速度を計測してみました。すると、アンドロメダ銀河の中心から同じ距離にあっても、我々の銀河（地球）に近づいてくるガスの色は青色に偏移し（青方偏移）、銀河系から遠ざかるガスは赤色に偏移（赤方偏移）します。

これは**ドップラー効果**と呼ばれるものです。救急車が近づいてくるとき、音はだんだんと高くなり（波長が短くなる）、救急車が目の前を通り過ぎると音が低くなる（波長が長くなる）という現象がありますが、それは音だけでなく、特殊相対性理論により光についても起こることが知られているからです（光速に近い運動ならば、真横に動いても相対性理論の効果により赤方偏移します）。

ルービンはアンドロメダ銀河だけでなく、200 以上の銀河の回転速度を調べ、「恒星やガスの回転速度は、銀河の内側と外側で変わらない」ということを確認しました。もし、本当にそんなに

## ⊕ 2-1-3 ダークマターが発見された!

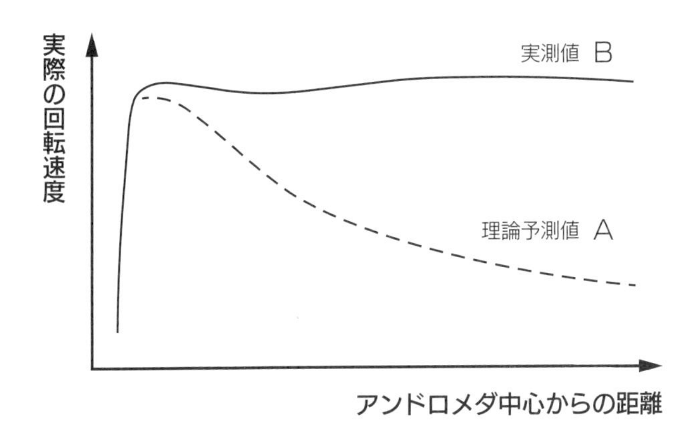


典型的な渦巻銀河の回転曲線。横軸が銀河中心からの距離を、縦軸が回転の速さを表わす。暗黒物質を仮定しない理論予測（A）は実際のほぼ平坦な観測結果（B）を説明できない。

## ⊕ 2-1-4 我々の銀河内の天体の回転速度

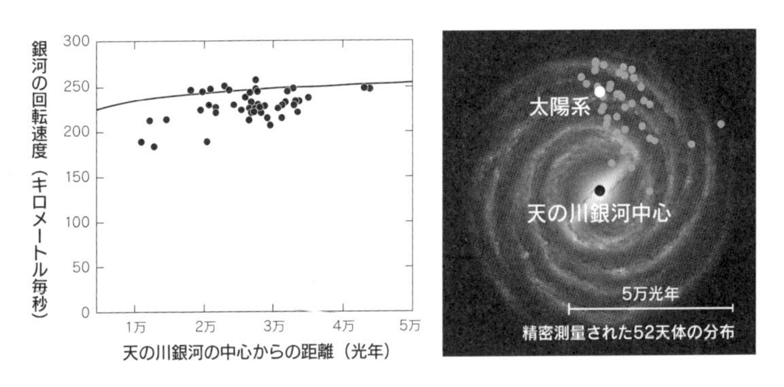


銀河中心からの距離に関係なく、どの場所でも 240km/s 前後の一定速度で回転していることがわかる。（出所：NASA）

大きな重力源があるならば、宇宙全体の重力源の大きさが変わり、予想されている宇宙年齢も変わってくる……。これは大変なことです。

そもそも、ケプラーの第３法則は太陽系でも、我々の銀河でも同じはずなのに、これはいったいどうしたことか……。

私たちのような物理学者は、「太陽系で成り立つ法則は、宇宙の至る所でも成り立つ」と考えます。すると、これは観測の間違いか、あるいはケプラーの法則では説明できない「別の事実」が存在する、ということになります。

ルービンは、この回転速度から銀河の重量を計算すると、銀河で見えている物質から予想される質量に比べ、10倍程度の大きな重力源が、見えている物質をつつみ込むように遠くまで分布していることを示しました。それだけ大きな質量が外側にもないと、このような回転速度はありえない、しかもそれはアンドロメダ銀河だけに特有な現象ではなく、ルービンが200もの銀河を測定した結果、同じだったと指摘したのです。

## ●見えない物質「ダークマター」がないと説明不能

銀河において、もし質量をもつものが恒星や星間ガスなどだけであれば、ケプラーの法則どおり、銀河中心からの距離のルートに反比例して速度が落ちていくはずです。しかし、ルービンの計測によれば、回転速度は外側も内側も200～300km（秒速）の回転速度で変わりませんでした（現在は、220～240km/秒に修正）。

では、これをどう考えるか。銀河内の内側・外側に位置する恒星の回転速度が観測どおりに同じになるためには、見えている恒星などよりもっと大きな重力源が必要となります。それも、現在見えている恒星の質量の10倍という、巨大な「見えない質量」が我々の銀河やアンドロメダ銀河全体を球形に覆っていないと、説明がつきません。

そこで、「あるはずだけど見えない正体不明の物質」のことを「**ダークマター（暗黒物質）**」と呼ぶことにしたのです。現在、「ダークマター」についてわかっていることは、少なくとも恒星のような「物質」ではないこと、そして可視光などの光をほとんど散乱しないことです。その量は宇宙全体で「物質」の5倍くらいあると考えられています。

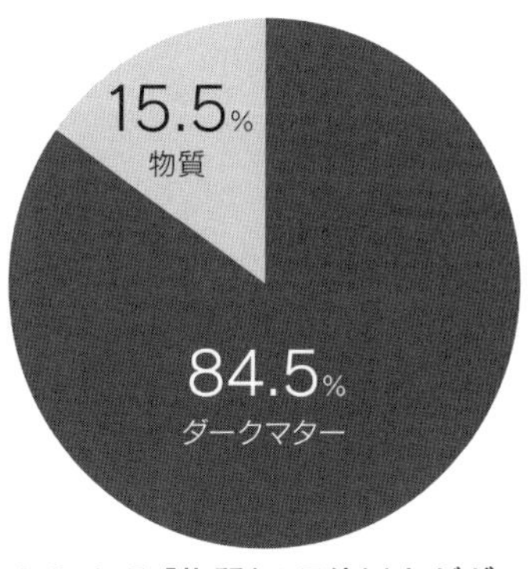

⊕2-1-5「物質」の5倍以上がダークマターだった

ということは、私たちが見ている「物質」、つまり岩石などはもちろんのこと、それをつくっている原子や分子、さらにはもっと小さい陽子、中性子などは全宇宙の物質総量の約15パーセントにすぎず、残りの約85％は電磁波でとらえることさえできない「暗黒物質」だったのです。これが「ダークマター」です。

ダークマターは光や物質とほとんど散乱せず、大きな質量をもつため、銀河ができるよりも早く固まることができたと考えられています。そして、原子（物質の代表）はダークマターの巨大な重力によって後になって引き寄せられ、結果として銀河を形づくった……。

このようなプロセスを考えると、宇宙の構造を見ていく上で、物質よりもダークマターのほうが基本的なものといえそうです。

# 2 ダークマターを探せ！

## ●熾烈極まる「ダークマター発見競争」

ダークマターは可視光とほとんど反応しないので、直接、目で見て確認することはできません。可視光線だけでなく、電波、X線、$\gamma$（ガンマ）線など他の波長の電磁波を使っても、直接的には観察は不可能なのです。

地上でダークマターを見つけるには、ゲルマニウムやナトリウム、キセノンなどの重い元素を多数置いておき、そこにダークマターが衝突してくるのを待って観測する、という方法があります。衝突すると、原子の中の核子がはじきとばされ、それがダークマターの証拠となります。

ゲルマニウムを使うのが「CDMS」プロジェクトなど、ナトリウムを使うのが「DAMA」プロジェクトなどです。原子核にある核子とダークマターとの衝突を通して検出をめざし、ダークマターとの衝突頻度（弾性的な散乱の断面積$\sigma$）を検証します。$\sigma$の単位は「$cm^2$」です。

岐阜県の神岡の地下1000 mでやっている実験「XMASS」（エックスマス）も同様です。ここでは、液体キセノン（−100℃）をいっぱい詰め込んだ検出器を配置し、液体キセノンと

## ⊕ 2-2-1 ダークマター質量についての弾性的な散乱断面積に対する上限

（Particle Data Group, http://pdg.lbl.gov より作成）

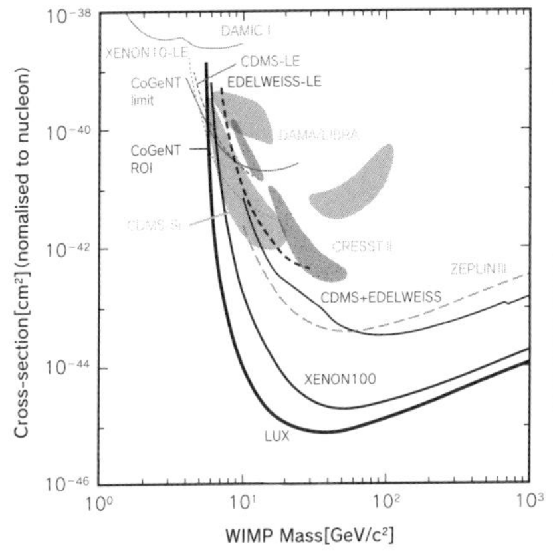


CDMS：ゲルマニウムを使うプロジェクト
DAMA：ナトリウムを使うプロジェクト
LUXとXENON100は
キセノンを使うプロジェクト

曲線より右上は、実験（LUXやCDMS）によってダークマターの質量として排除された部分。ただしアミ部分は他の実験により可能性が残されているとする部分。

## ⊕ 2-2-2 ダークマターの直接検出法（左図）、間接検出法（右図）

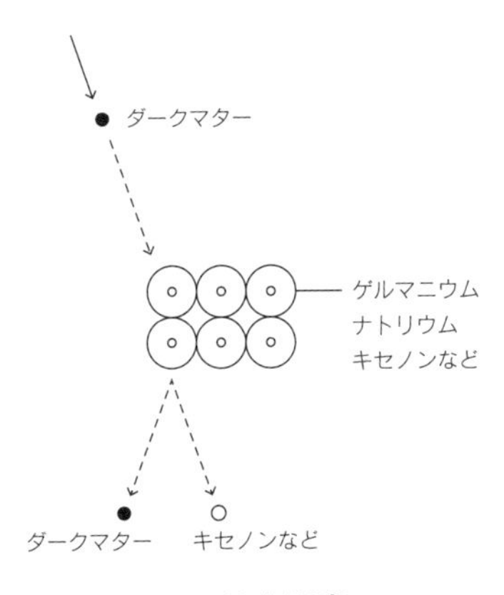


**地上での衝突観察**
**（直接検出）**

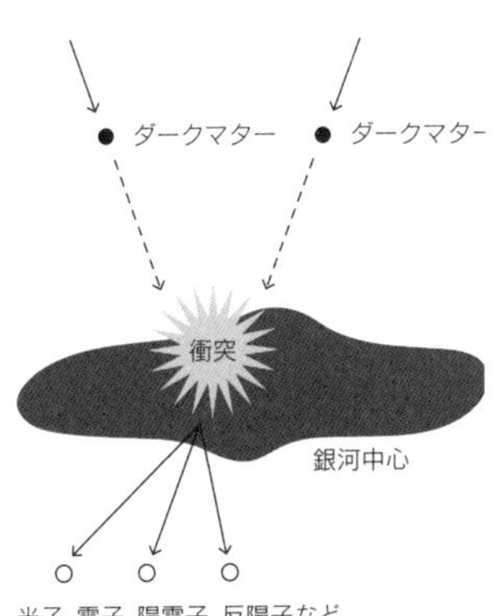


**宇宙での衝突観察**
**（間接検出）**

ダークマターが衝突すれば、はじかれるキセノンのなかの陽子や中性子を見ることで、ダークマターがなんらかの跡を残すのではないか、と期待されています。

なぜ、液体キセノンなのか。それは、液体キセノン検出器は発光量が多く、1トンサイズの大型化も容易だという点です。もし、ダークマターが液体キセノンと衝突すればエネルギーの一部を渡し、発光します。その発光を光電子増倍管でとらえるというしくみです。ただし、現在、XMASS装置ではまだ発見されていません。

キセノンを使うものとしては日本のXMASS以外にも、「Xenon-100」「LUX」などの海外のプロジェクトがあります。

地上ではなく、宇宙空間でダークマター同士が衝突するのを間接的に観測する、という方法も考えられています。特に、密度の高い銀河の中心などでダークマター同士が衝突して消滅し（対消滅という）、かわりに、たくさんの粒子（γ線、電子、陽電子、反陽子など）が生まれてくる現象が期待されています。

これらの高エネルギーの粒子をとらえることができれば、ダークマターの間接的な検出となります。

対消滅ではなく、ダークマターが崩壊することにより、そうした粒子が出てくる可能性もあります。この場合、ダークマターの寿命が宇宙年齢より長くても、少しでも崩壊すれば十分に観測にかかります。

現在、世界中の研究機関がダークマター探しの一番乗りをめざし、取り組んでいるのです。

⊕ 2-2-3 液体キセノンはダークマターへの感度がよい？ 口絵
（写真提供：東京大学宇宙線研究所神岡宇宙素粒子研究施設）

⊕ 2-2-4 ダークマターの対消滅断面積に対するγ線観測からの制限
帯の線より上がすべて棄却されている。

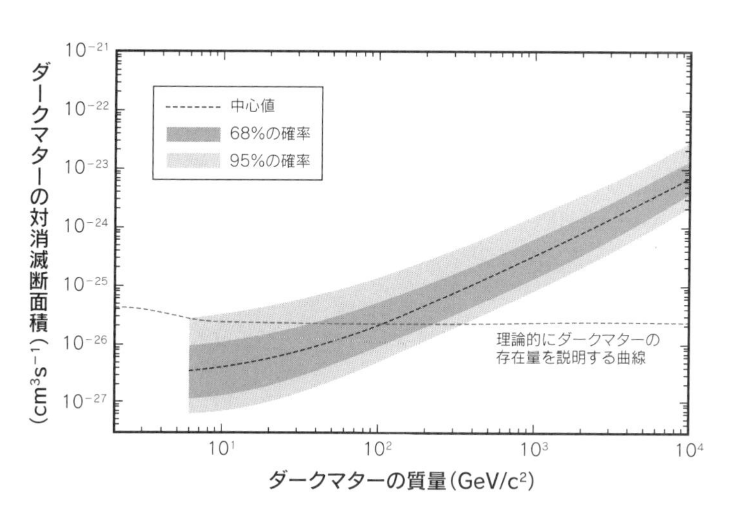

## ●なぜ、太陽系ではダークマターの影響が小さいのか？

ところで、銀河レベルではダークマターの影響を受けているのに、太陽系レベルはなぜダークマターの影響を受けなかったのでしょうか。これは、「見える物質（通常の物質）の重力」が太陽系では支配的で、ダークマターなしで束縛状態をつくっているからです。

それは銀河と太陽系のできるプロセスの違いといえます。銀河はダークマターの重力によって集まって生まれた天体だということが知られています。このため、中心部にはダークマターが多く存在しています。

それに対し、太陽系は天の川銀河の辺縁部に位置し、原子からできた分子雲がちぎれて、圧縮されることによって、つくられてきました。もちろんダークマターも少しは含まれていますが、太陽系自体はダークマターの重力によってまとまったわけではありません。このように、銀河と太陽系とでは形成過程が違います。太陽系のなかにダークマターがあまり入っていないのは、そのような理由からなのです。

なお、銀河だけでなく、銀河をたくさん含むさらに大きな構造である、銀河団でもダークマターの重力が支配的です。

もちろん、物質とダークマターとは、「重力」で相互作用するという意味では同じ性質をもちます。

違いは、「光と相互作用をする力が強いか弱いか」だけで、重力については平等に効くのです。

この重力ですが、銀河や銀河団の形成は古典重力で支配されているといっても、重力での相互作用の計算は非線形現象と呼ばれているもので、手計算では解ききれません。無限の距離にある、無数の粒子の運動を考えないといけないので、解析的には解けません。

そこで、数値シミュレーションを実行して、答えを出すことが重要になります。ゆらぎ（ムラ）が固まるという天体形成は、たいへんな非線形現象を扱っているのです。

# 3 ふしぎなダークマター

## ●ダークマターの質量をどう計測するのか？

次に、現在、ダークマターの質量の分布をどう計測しているのか、その方法を考えてみましょう。具体的には「**重力レンズ効果**」という方法を使います。

重力レンズ効果を使う利点の第一は、ダークマターが分布している様子をかんたんに見つけることができることです。

いま、図 2-3-1 のように地球から遠い銀河 X を見ているとします。この銀河 X を見るとき、途中に別の銀河団 Y があったとすると、光は銀河団 Y の巨大な重力によって曲げられてしまいます。このような現象は一般相対性理論で指摘されていたことです。

本来、銀河 X の光は別の方向にあるはずなのに（たとえば銀河団 Y の後方）、光が銀河団 Y の重力によって曲げられ、地球に届きます。すると、地球から見た場合、銀河 X は図の①、②の方向に似たような天体が二つあるように見えます。

本来の位置と異なるだけではなく、銀河 X の形は巨大な重力でひしゃげて見えるので、まるでレンズで曲げられたかのように、銀河 X の形も歪みます。

そのようにして観測されたのが図 2-3-2 の画像です。

## ⊕ 2-3-1 重力レンズ効果の原理

本来、銀河Xは地球からは見えない存在だが、重力レンズ効果で光が曲がり、銀河Xを見ることができる。ただし、本来とは異なる位置にひしゃげた状態で見える。

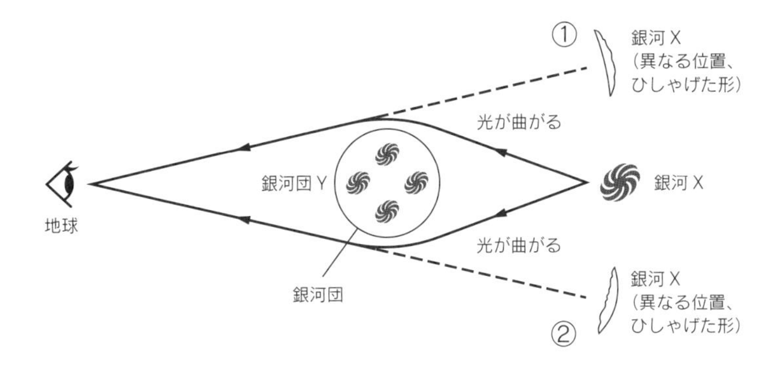


## ⊕ 2-3-2 重力レンズ効果で同じ銀河が多数に分かれて見える 口絵

Abell 2218の像。円の周りに多重像が見える。
（出所：NASA（Hubble））

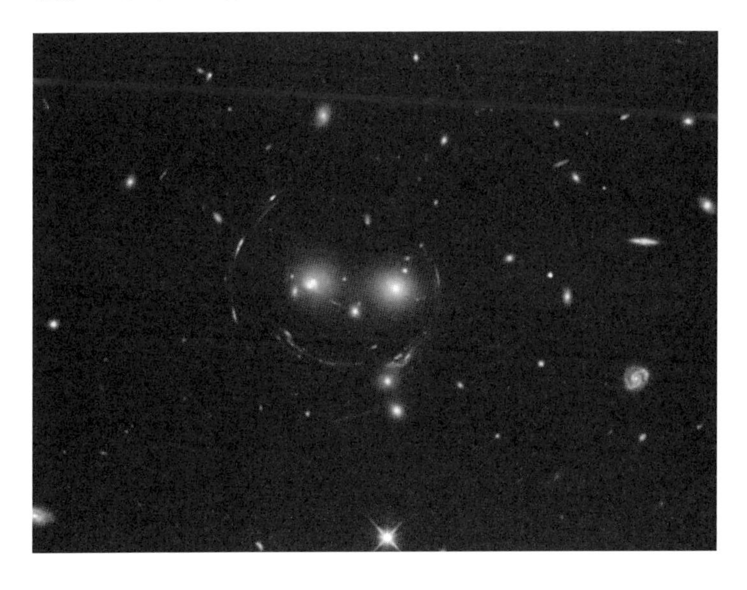

⊕ 2-3-3 ダークマターの質量分布
Dark Energy Survey (DES) による。
C. Chang et al, DES collaboration, arXiv:1506.01871

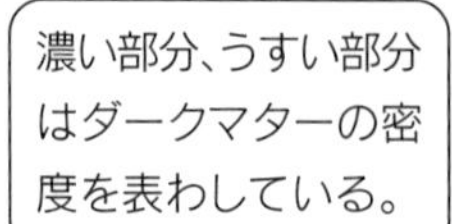

濃い部分、うすい部分はダークマターの密度を表わしている。


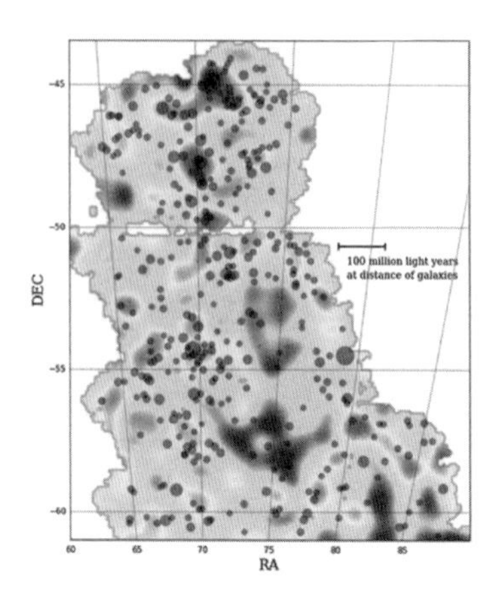


この画像で示した三つの銀河は、実は同じ銀河なのです。しかも、レンズで引き伸ばされたように見えるのが特徴です。このように遠くの銀河が観測される——となると、その前に「見えない巨大な銀河団がある」と推測できます。

そして、ダークマターの重力がこのような多重像をつくったと解釈され、「ダークマターの質量がどれくらい、どのように分布していれば、このような画像になるか」を計算できます。これが重力レンズ効果を利用したダークマターの質量の分布の算出方法です。

## ●衝突しても、ダークマターはすり抜ける

もう一つ、銀河団の衝突からも、重力レンズ効果でダークマターを顕著に見ることができます。次はBullet Clusterと呼ばれる画像です。

### ⊕ 2-3-4 Bullet Cluster でのダークマターの画像

衝突した物質がある部分は、電子の制動放射によりX線で光る（中央の部分）。すり抜けたダークマターは重力レンズ効果で再構成された部分（両端部分）。

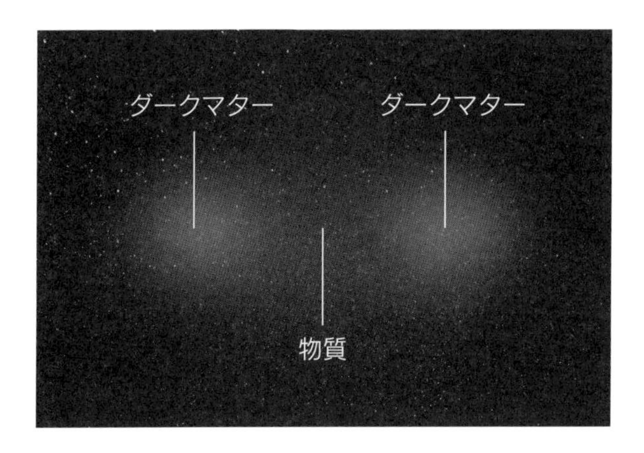


この画像は重力レンズ効果を利用してダークマターの場所を計算し、その部分を両端の白っぽい色で処理したものです。二つの銀河団がぶつかっても、ダークマター同士は互いの影響を受けずに左右にすり抜けていきます。すり抜けられなかった通常の物質（中央の部分）、つまり衝突した多数の電子と陽子ですが、X線で光っています。

このように画像処理することで、見えないダークマターも視覚的に確認することができます。

シミュレーションと比較することにより、ダークマターの相互作用の大きさにも、観測的な上限が設けられました。弾性的な散乱の断面積 $\sigma$ をダークマターの質量 $m$ で割った量について、

$$\frac{\sigma}{m} < 1 \ (\mathrm{cm^2/g})$$

という上限が得られました。

# 4 我々の銀河内でのダークマター分布

## ●ダークマターが主役、物質は脇役だった

ダークマターの存在が明らかになると、構造形成についてさまざまなことがわかってきます。その中でも、「ダークマターこそが、宇宙の大規模構造をつくった！」ということが重要です。

銀河についても同様で、ルービンがダークマターを発見する少なくとも1970年代までは、「原子をはじめとする通常の物質が銀河をつくった」と考えられていました。しかし、現在では銀河の形成においても、ダークマターのほうが主役を担ってきたことがわかってきています。

ダークマターの性質としては、物質（陽子や中性子）との相互作用をほとんどもたないこと。このため、ダークマターはダークマターだけで重力的に固まろうとします。その結果、ダークマターは銀河の渦の形とは似ても似つかない「**銀河ハロー**」という、非常に大きな、ほぼ球形に近い分布をつくりあげます。

その後、原子などの物質がダークマターの巨大な重力に落ち込むようにして銀河をつくります。最初に、ダークマターがハローをつくってくれたおかげで、銀河ができたわけです。

## ●銀河の円盤形はどのようにしてできたのか

我々の銀河は円盤状になっていますが、ヨコから見ると中心部が球形に膨らんだ形になっています。この膨らんだ部分を「**バルジ**（bulge）」とか「銀河バルジ（galactic bulge）」と呼んでいます。もともと、ここに最初に集まったダークマターは大きな球をしています。けれども、人間に見える銀河（物質）はダークマターのような球形ではなく、円盤状をしています。なぜ、形が違ってきたのでしょうか。

ダークマターが球対称に固まった後、物質はダークマターの巨大な重力によって、落ちるように引き寄せられていきます。このダークマターの重力がつくる重力ポテンシャルに物質（原子・分子のガス）が落ちる前、物質が微妙に回転していたため、その角運動量を保存しながら、その回転の動径方向に対して、物質は渦のようにゆっくりと落ちていきます。この場合、動径方向に対し

⊕ 2-4-1 銀河は最初にダークマターが集まり、
そこに物質が吸い寄せられた

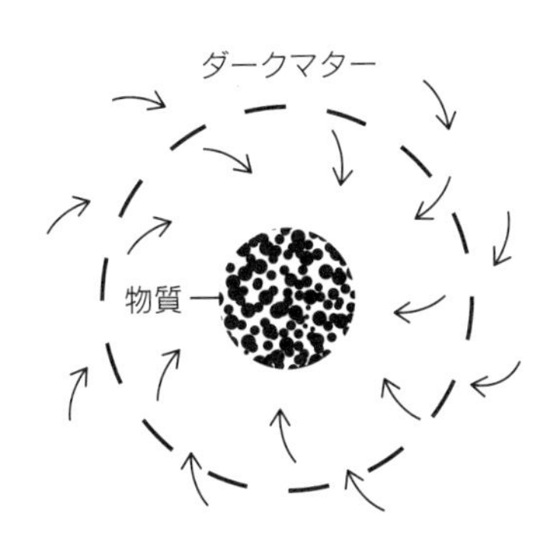


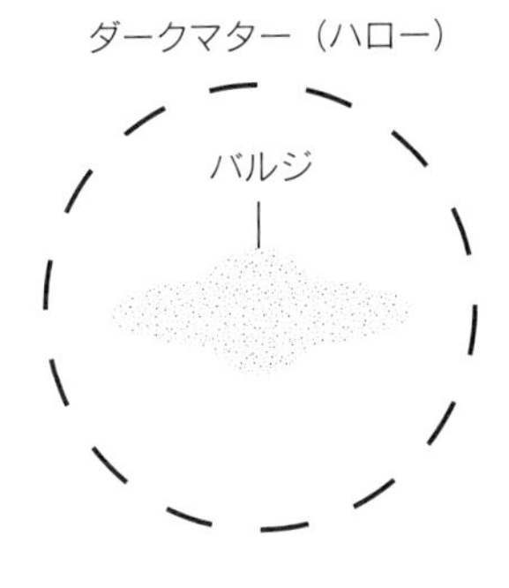

ては、それほど早く落ちないという傾向があります。
一方、物質（原子）は光と相互作用します。これが回転面について上下方向の形状を理解するためのポイントです。分子のガスが落ちようとすると、ガス同士の相互作用により、光子を放出することができて、エネルギーを失うことができます。このため、回転面に対して上下方向（垂直方向）には、角運動量保存はあまり効かないため、どんどん落ち込んでいきます。そのために現在のような渦巻き銀河の形ができたわけです。
ちなみに、渦巻きの模様は、物質の粗密波を表わしています。密度の濃淡の波のうち、密度が濃くなるところは短いタイムスケールで若い星がたくさん形成されます。そのため、あたかもそこにだけ星があるかのように、美しい渦巻き模様のように見えます。実は、渦巻きのうち、星がないように見える暗い部分にも星はたくさん存在します。若い星が多いか少ないかの濃淡を見ているだけにすぎませんので、渦巻きの解釈については注意が必要です。
ダークマターはそのような回転運動には影響されないので、球対称のまま存在している、と考えられます。
**球状星団**（Globular Cluster）は、球状をしています。まるでダークマターの重力が主に効いてつくられた天体の形のようですが、これら球状星団は銀河の円盤の回転運動の影響を受けていません。このため、角運動量はあまり働かず、恒星同士のお互いの重力で、お互いの中心に向かって強力に集まり、球形になっているのです。
球状星団は我々の銀河の大きなハローの中にはありますが、円盤の渦の中には落ちてこなかったものです。銀河の少し外に取り残されたため、恒星の分布が球状になっています。

⊕ 2-4-2 ケンタウルス座の球状星団 口絵
(出所：NASA)

アンドロメダ銀河の場合も同様に、ダークマターは球状に分布していることが期待されます。その角運動によって渦巻きの円盤状になりますが、そこに落ち込まなかった恒星は、同様に丸くなって多数の球状星団を形づくっています。

## ●「ダークマターの正体」はブラックホールか？

ところで、**ブラックホール**は「物質」でできているのか、「光」からできているのか、それともダークマターでできているのか、とよく質問を受けます。

ブラックホールをつくる材料は、ブラックホールが形成されるシナリオに依存します。

そこで最初に、ブラックホールが物質でつくられる場合のシナリオをご紹介しましょう。これは「星（恒星）が死んだ後にブラックホールになる」シナリオです。

太陽の10倍以上の重い恒星が超新星爆発を起こして「星の死」を迎えた場合、その恒星の中心にブラックホールを残す可能性があります。しかし、このような理屈ではとても説明できないほど巨大なブラックホールが存在します。

たとえば、我々の銀河の中心にも、そしてアンドロメダ銀河の中心にも巨大ブラックホールがあります。一般に、銀河中心に存在するブラックホールの大きさは、途方もなく大きいことが知られています。これまでの観測によると、太陽の数十倍、数百倍どころか、100万倍〜10億倍以上の超大質量のブラックホールが存在すると考えられています。なぜそこまで大きくなったのか、それは現在わかっていない問題です。

「星が死んだ後にブラックホールになる」シナリオでは、そのブラックホールの質量は、せいぜい太陽の約10倍くらいまでです。そのブラックホールがさらに大きくなっていく要素としては、一つには「**共進化**」と呼ばれるプロセスがあります。これは銀河が衝突するのに合わせて、中心にあるそれらのブラックホールもどんどん大きくなっていくものです。他にも、「**降着**（アクリーション）」と呼ばれるプロセスがあって、ブラックホールは周りの物質を吸い込んでどんどん太っていくことがあるのも知られています。

しかし、共進化や降着があっても太陽の10億倍、100億倍の質量のブラックホールとなると、現在の宇宙の年齢（138億年と推定）までに、そこまで超重量のブラックホールには成長できないと考えられています。

その意味で、超巨大ブラックホールはどのようにしてつくられたのかという問題は、天文学において難問の一つとして存在しています。

## ●「原始ブラックホール＝ダークマター」の可能性

一方、物質ではなく、光のエネルギーが潰れて、ブラックホールになるシナリオも知られています。

宇宙が生まれた頃は「火の玉宇宙」と呼ばれるように、光などの放射が満ち満ちていました。つまり、放射のエネルギーが物質のエネルギーを上回っていたのです。

その宇宙が、宇宙膨張により冷えてくると、光の放射に比べて物質（ダークマター＋通常の物質）のエネルギーのほうが相対的に多くなり、今日に至ります（現在は物質よりさらに優勢なエネルギーがありますが、それについては後の章で述べます）。

宇宙初期の放射が優勢な宇宙において、エネルギーの密度ゆらぎがとても大きかった場合、そのエネルギー密度が高い部分は局所的に閉宇宙のように振る舞うことができて、丸ごと潰れてブラックホールになることができます。

このブラックホールは「**原始ブラックホール**」と呼ばれ、星の死でつくられたブラックホールとは区別されます。もちろん、このことが起こるためには、密度がある臨界値を越えていて、さらに空間的にも因果的に結びつける領域だけにかぎられたことです。その時、その閉宇宙はブラックホールになることができます。

この場合、ブラックホールをつくるエネルギーは光のような放射のエネルギーです。また、つくられるブラックホールの質量も、太陽質量（$2 \times 10^{33}$g）と同じぐらいとは限りません。$10^{15}$g を下回る小さなブラックホールもつくられるため、ブラックホールからの熱的な放射（**ホーキング放射**）を通して、現在までに原始ブラックホールは蒸発してしまった可能性さえあるのです。

このプロセスでつくられる安定な原始ブラックホールは、ダークマターの候補になります。具体的に、質量 $10^{22}$ g〜 $10^{23}$ gあたりの原始ブラックホールは、寿命が宇宙年齢より長く、他の観測にも矛盾がないことから、「原始ブラックホール＝ダークマター」説を信じさせる根強い根拠となっています。

先に説明した銀河中心に存在する超巨大ブラックホールの説明にも、原始ブラックホールが関係しているかもしれないといわれています。うまくいかないシナリオでは、超巨大ブラックホールに成長する前の「最初の種」としてのブラックホールとして、太陽質量の数十倍からスタートしたわけです。原始ブラックホールの質量が $10^4$ 倍〜 $10^5$ 倍ほどの太陽質量であった場合、それを種として質量降着した結果、太陽質量の10億倍以上にまで太ることができるかもしれないと指摘されています。

ただし、種ブラックホールの可能性としては、他にも、種族III（宇宙誕生後、最初に生まれた第一世代の恒星）の星の超新星爆発後につくられるという説もあり、まだ確定した理論ではありません。

以上のように、宇宙初期につくられた原始ブラックホールが、同時ではないでしょうが、現代天文学の二つの謎（ダークマターの正体と超巨大ブラックホールの起源）を解く鍵かもしれないというのは、たいへん夢のある話です。

# 3章

# 「ダーク
# エネルギー」が
# 宇宙の
# 将来を決める！

# アインシュタインの「宇宙項」

ニュートン力学では、「時間と空間はまったく独立で無関係」とされてきました。たしかに日常、速度が遅く、弱い重力しか影響しない、身の周りに起きることであれば、そのニュートン力学だけでもとくに困ることはありません。しかし、そのニュートン力学を包含するように力学体系を修正したのが**アインシュタイン**（1879～1955）でした。

## ●一般相対性理論の意味を一言でいうと……

アインシュタインは1905年に、「時間と空間とは、混ざり合う」という特殊相対性理論を発表しています。この時点ではまだ重力の影響は考慮されていませんでした。しかし、その後の1915年に、特殊相対性理論を包含する重力の理論である、「**一般相対性理論**」の提唱に至ります。その理論の意味は、

「エネルギーと運動量の状態が
時間と空間の曲がり具合を決める」

というものです。逆にいうならば、

「重力によって決められた時間と空間の曲がり具合が
エネルギーと運動量の状態を決める」

ともいえます。
　ここで運動量という言葉が出てきました。実は、クルマを運転するとき、運動量が大きいクルマ（重くて、スピードの出ているダンプカーなど）はブレーキをかけても、止まるまでの距離は長くなる、というように慣性を表わす指標のようなものです。
　そこで、一般相対性理論の概念を言い直すと、
「時間と空間の曲がり具合とエネルギー・運動量の
状態とを等式により結びつけられる」
と気づいたわけです。ニュートン的宇宙観からの大きな脱却です。

## ●方程式に「宇宙項」をプラスしてみたら……

　ところで、アインシュタインはこの一般相対性理論を発表したとき、「**アインシュタイン方程式**」と呼ばれる有名な数式を出しています。この例に限りませんが、物理の世界では、「理論をつくる」ということは、「方程式をつくる」ことに相当する場合が多いのです。
　アインシュタイン方程式を見ると、宇宙の巨大な重力が宇宙そのものを潰してしまう、というふうにも読み取れます。
　宇宙には無数の恒星があり、無数の銀河があります。つまり重力源がたくさんあって、その巨大な重力がやがて宇宙を収縮させ、潰してしまうという意味です。

(左辺) 時空の曲り具合 → $G_{\mu\nu} = \frac{8\pi G}{c^4} T_{\mu\nu}$ ← (右辺) エネルギーと運動量

$$G_{\mu\nu} = \frac{8\pi G}{c^4} T_{\mu\nu}$$

　この式の左辺は時空がどのように曲がっているかを表わし、右

辺は「エネルギー・運動量」を表わしています。たとえば、右辺に物質のエネルギーなどを代入することにより、その物質の周りの時空がどのように曲がっているかがわかる、という式なのです。時空の曲がり具合がわかるということは、その時空での重力による物質の運動の仕方がわかるということを意味します。

アインシュタインは宇宙が将来、収縮するという「**収縮宇宙**」では観測的に矛盾すると考え、未来永劫に宇宙は変わらないという「**定常宇宙**」にしようとしました。それは、当時の多くの研究者の常識的な考えでもありました。つまり、宇宙は昔も今も変わらない（膨張したり、収縮しない）というものです。

そこで、巨大な重力に対抗する「斥力」（反発力＝膨張力）を先ほどの方程式の中に１つの項（**宇宙項**）として付け加えたのです。次のアインシュタイン方程式において、**宇宙定数**を含んだ項のことを宇宙項と呼んでいます。

アインシュタイン方程式　$G_{\mu\nu} + \Lambda g_{\mu\nu} = \frac{8\pi G}{c^4} T_{\mu\nu}$

（宇宙項＝ $\Lambda g_{\mu\nu}$、宇宙定数＝ $\Lambda$）

## ●宇宙項の追加は人生最大のミスだった？

こうして「宇宙は安定だ」と主張したのですが、アインシュタインが生きている間に、「私が宇宙項を追加したことは、生涯最大の過ちであった」と認めざるをえなくなり、アインシュタイン方程式に宇宙項を加えたことを取り下げます。

しかし、これは現代になってみると、「宇宙項を入れたことは、一部は間違いであり、一部は正しい」という評価をされています。

なぜ、アインシュタインは「宇宙項を入れたのは間違いだった」と思ったのか。それはフリードマンとハッブルによって明らかにされたことが決め手になっています。

まず、このアインシュタイン方程式は、上で紹介したアインシュタインテンソル $G_{\mu\nu}$ に現れるリッチテンソル $R_{\mu\nu}$ を用いて

$$G_{\mu\nu} = R_{\mu\nu} - \frac{1}{2}Gg_{\mu\nu}$$

とも表わされます。そのとき、リッチテンソル $R_{\mu\nu}$ を用いて以下のようにも表わすこともあります。

$$R_{\mu\nu} - \frac{1}{2}Rg_{\mu\nu} + \Lambda g_{\mu\nu} = \frac{8\pi G}{c^4}T_{\mu\nu}$$

$\Lambda$ ＝宇宙定数　$R_{\mu\nu}$ ＝リッチテンソル（$\mu,\nu = 0,1,2,3$）

$g_{\mu\nu}$ ＝時空の計量テンソル　　$R = g^{\mu\nu}R_{\mu\nu}$

$T_{\mu\nu}$ ＝エネルギー運動量テンソル

ところで、アインシュタイン方程式の解は一つではありません。連立の非線形偏微分方程式と呼ばれるもので、多数の解があります。2次方程式なら解は2個、3次方程式なら解は3個あるのと状況が似ていると思ってください。

## ●不要とされた「宇宙定数」が甦る？

そういった中で、アレクサンドル・フリードマン（1888～1925）がこのアインシュタイン方程式を解いてみたところ、膨張

宇宙の解を見つけました。1922年のことです。

その解は、「一様で等方な宇宙」、つまりのっぺらぼうな宇宙を仮定すると、「もし、宇宙膨張の初期速度が十分に大きければ、たとえ宇宙項がなくても、この宇宙は潰れず、永遠に膨張し続ける」というものだったのです。アインシュタインは収縮することを怖れて「反発する斥力＝宇宙項」を入れましたが、収縮するどころか、膨張する宇宙を示していたのです。

この場合、フリードマンがいうように、初期速度が重要です。もし初期速度がゼロであれば、宇宙は確かに潰れます。しかし、初期速度さえ十分に大きかったとすれば、宇宙は永遠に膨張し続ける、ということがこの解からわかりました。

この解は「**フリードマン解**」と呼ばれ、宇宙初期の長い時期、宇宙はこの解の振る舞いに従って進化してきたことが観測的に確かめられています。つまり、フリードマンは「宇宙項なんてものは不要だ、そんなものはなくても宇宙は潰れることはない。それどころか膨張するんだ」と理論的に説明したわけです。

しかも、それを同時代のエドウィン・ハッブル（1889～1953）が1929年に、観測的にも「宇宙が膨張している」ことを望遠鏡による観察によって独立に発見しました。

このため、アインシュタインは「私が宇宙項を追加したことは、生涯最大の過ちであった」として、取り下げることになったのは先に述べたとおりです。

ところが、現代では、その宇宙項が再度、甦ってきています。それこそ今日、広い意味で「**ダークエネルギー**」と呼ばれるエネルギー状態に他なりません。

# 2 ハッブルの法則

## ●宇宙が膨張していることをどう確かめたか？

「宇宙が膨張している」という事実は、光の**ドップラー効果**を使って確かめます。光のドップラー効果については、ダークマターの話の中で少し述べました。大事なことなので再度、ドップラー効果について説明しておきましょう。

「音のドップラー効果」はよく知られていますね。救急車がピーポー、ピーポーとサイレンを鳴らしながらあなたの前に近づいてくるとき、救急車のサイレンの音は高くなってくるはずです（波長が短くなる）。

そして目の前をすぎて遠ざかるや否や、救急車のピーポーピーポーの音は低くなります（波長が長くなる）。誰しも一度はそういう経験をおもちでしょう。

これが音の「ドップラー効果」ですが、実はドップラー効果は波長が関係しているため、音だけではなく、光にも同様に起こります。ただし、相対性理論の効果が重要となるような、光源が光の速さに近いようなスピードのときのみ有効に働きます。

通常の銀河のスペクトルは黄色あたりが一番強いのですが、私たちに近づく銀河は「青色」のほうにずれます。これは「**青方偏移**

(Blue Shift)」と呼ばれます。近づいてくる銀河は、光の波長が短くなるため、青い色のほうに波長がシフトするのです。実はこのような青方偏移の例はたいへんめずらしく、アンドロメダ銀河がその例であることが知られています（つまり、アンドロメダ銀河は我々の銀河に近づいている証拠)。

それに対し、ほとんどの銀河は赤く見えます。つまり、われわれから遠ざかっているということです。波長が長くなって、赤のほうにずれるので、「**赤方偏移**（Red Shift)」と呼ばれます。

次の写真は、Hubble Deep Field計画と呼ばれるプロジェクトで、ハッブル宇宙望遠鏡が撮った写真です。一見、銀河が存在しないと思われる暗い宇宙を遠くまで見えるように写真に撮ってみたところ、こんなにも数多くの銀河が映っていたのです。光っているのは手前の恒星を除いて、ほとんどすべてが遠くの銀河です。

銀河の色を見ると、通常は白っぽい黄色だといいましたが、「赤っぽい銀河」も見られます。この「赤」は赤方偏移の証拠を示

**⊕ 3-2-1 赤方偏移を受けた銀河たち**
（出所：NASA（Hubble))

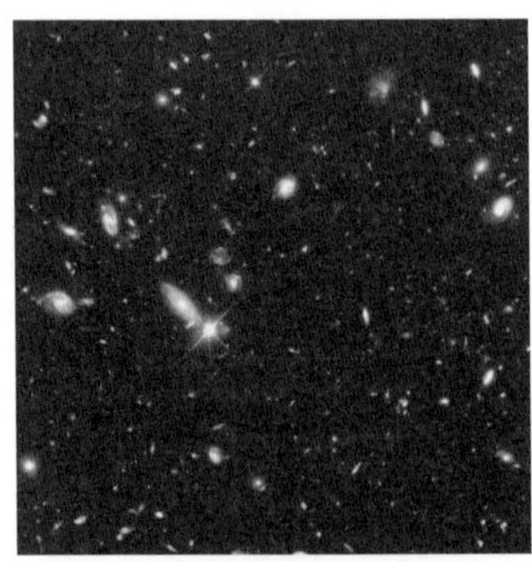

ほとんどが赤方偏移
遠ざかるスピードは
高速の90%以上

すものが含まれています。もとから赤っぽい銀河もありますので、たいへん注意が必要です。

つまり、遠くの銀河はそのほとんどが多かれ少なかれ赤方偏移をしていて、地球から遠ざかっていることが明らかになりました。この写真ではありませんが、2015年5月現在、ハッブル宇宙望遠鏡による、信頼されている分光観測と呼ばれている観測による世界最高記録の赤方偏移は波長が8.7倍に伸びるほどの遠い銀河の観測です。この銀河の後退速度は、実に光速の97%以上にのぼります。

その銀河が、波長が8.7倍に伸びたその光を出したときの宇宙の大きさは、現在の宇宙の8.7分の1でした。つまり、遠い宇宙の光を観測するということは、「過去の宇宙を見ている」ということなのです。

## ●「原子遷移」というスペクトル分析で確認

ところで、「遠ざかっていると説明するためには、2枚の写真を見比べる必要があるのではないか？」と質問されることがあります。1枚目より2枚目の写真のほうが赤くなっているから赤方偏移が見られるといえるのではないか、という考えです。

結論からいうと、1枚で大丈夫です。なぜなら、実際には原子の「**エネルギー準位の遷移**」というものを見て判断するからです。そのためには、1枚の写真で事足ります。

原子のエネルギー準位の遷移を水素原子の例で説明してみましょう。水素原子（H）とは、「陽子（原子核）の周りを電子1個が回っている」ものです。これは電離していない、つまりイオン化（$H^+$）していない中性の水素のことです。

電子の入る軌道は決まっています。軌道は連続的に半径が広がっていくのではなく、簡単にいうと、1，2，3……のように、ある決まったトビトビの半径をもっています。このようなトビトビの値をとることは「**量子化された状態**」と呼ばれ、軌道ごとにエネルギーが決まっています。

ミクロの世界では、ニュートン力学のような古典力学ではなく、このように「**量子力学**」が支配しているのです。

恒星の表面のように、紫外線のようなエネルギーの高い光子が満ち満ちているような環境では、水素の周りを回っている電子を跳ね飛ばすにちょうど等しいか、もっとエネルギーの高い光子が入ってくることがあります。このとき、はじめて電子を跳ね飛ばします。ですから、低いエネルギーの光子の場合には、たとえ衝突しても、電子を跳ね飛ばすことはできません。

そして電子を跳ね飛ばしたとき、水素（H）がプラスの電荷を帯びた水素イオン（$H^+$）になります。これは珍しいことではなく、太陽の中では頻繁に起きていることです。

## ●赤の波長に黒線が入る

たとえば、太陽から出てくる光を私たちは「黄色（黄白色）」だと考えますが、実際には太陽には、紫外、紫、青、緑、黄緑、黄、オレンジ、赤、赤外などの波長の光が連続的に含まれています。いわゆる「虹色」なのですが、主系列（2章1）の恒星の種類の中でも、太陽型の場合は黄色が特に強いので、私たちには白っぽい黄色に見えます。その上、太陽型の恒星は主系列星の中でも標準的で、銀河の中でも主要な成分を占めています。そのため、近傍の銀河の色はだいたい太陽に似た色の恒星を寄せ集めた色に

### ⊕ 3-2-2 遠い銀河のスペクトルの「黒線」

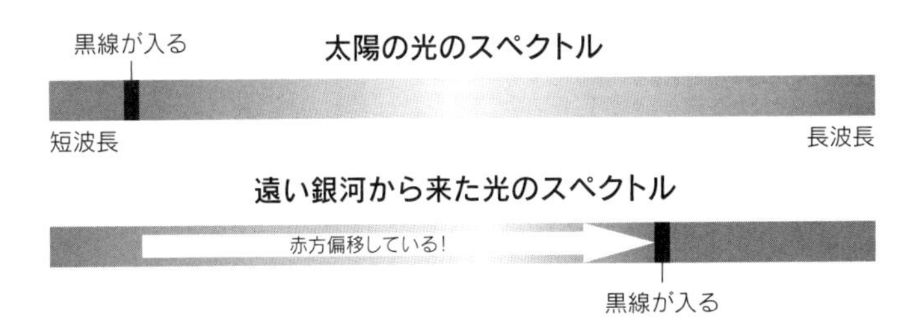


なっています。

そして、**スペクトル分析**という方法を使うと、この連続の虹のスペクトルを分けてみることができるのですが、黒くなる線が見られます。これは太陽の表面にある原子が太陽光を吸収してできた線（**吸収線**）であり、どの部分が黒くなったかで、どういう原子が太陽光を吸収したのかがわかります。つまり、我々は太陽表面にどんな物質が存在しているかを、遠く離れた地球に居ながらにしてわかるのです。

上の擬似的なスペクトル画像を見てください。太陽などの近い天体のスペクトルでは、青いエネルギーの部分にちょうど黒い吸収線が入っています。その波長を見ることで、地球と同じ「水素原子による吸収」だと判断できます。本当は青ではなく紫外線なのですが、ここでは単純化のために、青としました。

ところが、赤方偏移を受けた銀河のスペクトルを見ると、より赤いほうのスペクトルの部分に黒い吸収線が入ります。

物理学では、「私たちの太陽と遠い銀河での物理法則は同じである（違うと考える理由は何もない）」と考えるので、

「高速で後退しているからドップラー効果により赤い部分に吸収線が入った」

と考えるわけです。

さて、「時間差のある２枚の写真がないと、赤方偏移を確認できないのではないか？」という質問がありましたが、このように１枚の写真のスペクトルの「どこが欠けているか」を見ることで、宇宙膨張による銀河の後退速度を測ることができるのです。

遠くへ行けば行くほど、遠くて速い銀河です。なかには可視光域の赤の波長部分を出てしまい、赤外線になっているものもあります。もちろん、スペクトル観測は可視光だけではなく、赤外線領域でもやっています。

## ●ハッブルの法則で遠ざかる銀河の速度を測る

この原子遷移を使って、宇宙の膨張の速度と距離の関係を見つけたのは、エドウィン・ハッブル（1889～1953）でした。観測された遠方の銀河の赤方偏移の大きさから、銀河の後退速度を距離の関数として求めることができます。

さて、少し方程式を使って「遠ざかる銀河の速度」について説明してみます。遠くの銀河が発する波長を$\lambda$、その波長のスペクトルのズレを$\Delta\lambda$とするとき、赤方偏移$z$は、

$$\text{赤方偏移}\quad z = \frac{\Delta\lambda}{\lambda}$$

で表わされます。これを変形すると、次のようになります。

$$1 + z = \frac{\lambda + \Delta\lambda}{\lambda} = \frac{a(t_0)}{a(t)} \geq 1$$

赤方偏移すると、当然、波長が長くなり、太陽で測ったものと比べると、比は１よりも大きくなります。そうすると、$z$は０よ

りも大きいことがわかりますね。

$$z = \frac{\Delta\lambda}{\lambda} \geq 0$$

この $z$ を**赤方偏移**と定義します。

ところで、宇宙の相対的な大きさを表わすものに「**スケールファクター**」と呼ばれる量があり、$a(t)$ で表わされます。現在の時刻 $t = t_0$ でのスケールファクター $a(t_0)$ に比べ、宇宙は $a(t)/a(t_0)$ 倍だけ小さかったのです。現在の赤方偏移はゼロです。つまり、$z(t_0) = 0$ と表わされます。$z$ が1よりずっと小さいときのみですが、遠ざかる銀河の速度（後退速度）$v$ は近似的に、

後退速度 $v$ ＝光速 $c$ ×赤方偏移 $z$

と表わされます。文字だけで書くと、$v = cz$ です。これは速度 $v$ で銀河が遠ざかったときに、どうやって波長が延びるのかを表わす式で、波長 $\lambda$ は

$$\lambda + \Delta\lambda = \frac{c + v}{c}\lambda$$

なので、速度 $v$ があれば波長 $\lambda$ が延びると理解できます。

## ●ハッブルの式から距離測定？

こうして銀河の後退速度が求められます。そこで銀河の「後退速度と距離の関係」をグラフで描いてみることにしましょう。

タテ軸には速度 $v$、ヨコ軸には銀河までの距離 $d$ をとってみます。実は、距離 $d$ を測るのは非常に難しい話です。**セファイド型変光星**というものを距離測定に使うなど、さまざまな測定方法が

### ⊕ 3-2-3 ハッブルの法則

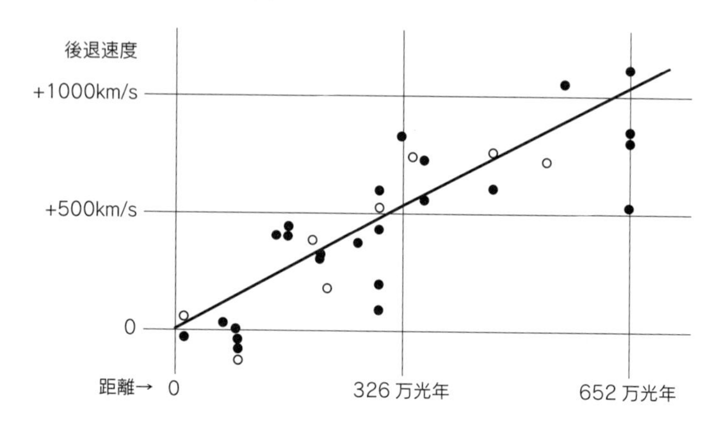


ありますので、後で紹介したいと思います。ここでハッブルは「距離を決めて、速度を決めると、図上でちょうど直線になる」という大発見をします。

それが「**ハッブルの法則**」です。つまり、速度 $v$ は、

$$速度\ v = 定数\ H \times 距離\ d$$

という比例関係です。

この定数 $H$ を「**ハッブル定数**」と呼んでいます。ハッブル定数は「定数」と名前が付いていますが、時間とともに変化しうる値です。式で書くと $H = \dfrac{1}{a}\dfrac{da}{dt}$ です。時間が経つと、およそハッブル定数はだんだん小さくなります。このため、「現在のハッブル定数」という意味で「0」を付けて $H_0$ としています。

$$速度\ v = 定数\ H_0 \times 距離\ d$$

最新の観測（Planck（プランク）衛星）によれば、現在のハッブル定数は約

$$H_0 = 68\text{km/s/Mpc}$$

という数値になっています。Mpc というのは M ＝メガ（100 万）、pc ＝パーセク[*]（光年）の意味で、1 パーセクは3.26 光年です。つまり326 万光年（1Mpc）先の銀河の後退速度は「秒速68km」という意味を表わします。

なお、ハッブルの法則は近いところでのみ使える近似式なので、$z$が1 よりずっと小さい天体にしか使えません。

一言でいえば、「銀河は、地球からの距離が遠ければ遠いほど、その距離に比例して、地球から離れていく速度が大きくなる」ことをハッブルは見つけたわけです。

ここでおもしろいのは、ハッブルの法則は純粋に「観測」のみで発見したはずなのですが、じつはアインシュタイン方程式を解くと、このハッブルの法則が「近い場所での宇宙膨張の式」として出てくることです。この式を使っていいのは、$z < 0.1$ となり、約 400Mpc（13 億光年）以下です。

もしかすると、ハッブルは初めから「比例する」ことをあらかじめ知っていたのではないか、ということもいわれています。いずれにせよ、「理論と観測」とがピタリと一致した瞬間です。

現在では、もちろん「宇宙は膨張していて、赤方偏移 $z$ が1 を超えるような遠い場所でも、その膨張はアインシュタインの一般相対性理論に基づくフリードマンの解に従っている」ことがわかっています。

＊ pc(パーセク) … 年周視差が1 秒角（3600 分の1 度）の距離をいい、約 3.26 光年。

# 3 過去に遡ると宇宙は1点に？

## ●「ビッグバン、宇宙背景放射」の予言

ハッブルの偉業は「膨張宇宙」を観測的に明確に示したことです。これで誰もが、「なるほど、宇宙はホントに膨張しているんだ」と納得することになりました。

同時に、思わぬ事態に至ったことに、人々は気づきました。
「いま、宇宙が膨張し、さらに将来にわたってもずっと宇宙が膨張を続けるということは、大昔、宇宙はいまよりもずっと小さかったに違いない。さらに昔に遡ると、宇宙は1点になるのではないか。宇宙は1点から始まったということか？」
と。当然の帰結です。

ところで、もし宇宙が大昔、とても小さかったなら、現在の恒星や惑星、星間物質などのモトとなる物質を詰め込んだ小さな宇宙というのは、超高温になってしまうはずです。空間を小さくしていくと高温になるのは、気体の性質からわかっていることです。圧縮すると熱くなり、膨張させると冷えます。

つまり、過去の宇宙が小さいということは、現在の宇宙をぎゅうぎゅう詰めにして圧縮していくことであり、宇宙の初期は超高温であった、と想像がつきます。

そんな超高温の世界を考えると、物質はすべて融けてしまい、さらには原子でもいられなくなって「**素粒子**」になってしまうでしょう。後の章で詳しく述べますが、こうして、ロシア生まれのアメリカの科学者ジョージ・ガモフ（1904 ～ 1968）は「素粒子に満ちあふれた『火の玉宇宙』の時代があったのではないか」と予言したのです。それが現在、「**ビッグバン**」と呼ばれる宇宙の姿です。ガモフはフリードマンの弟子です。

じつは、ビッグバン理論の最初の提唱者はベルギーのアンリ・ルメートル（1894 ～ 1966）で、ガモフはそのビッグバン宇宙論のアイデアを支持したというのが正確なところだとも考えられています。

当時の科学界ではビッグバン理論に対し、「宇宙は昔から何も変わってはいない」という定常宇宙論が対立する構図になっていましたが、ビッグバン宇宙論の証拠として、「**宇宙マイクロ波背景放射**（**CMB**：Cosmic Microwave Background）」が存在することをガモフは予言しました。

「ビッグバン」という言葉は、ガモフの論敵であった定常宇宙論者のフレッド・ホイルがラジオ番組で「This Big-Bang idea！（このおおぼら吹きめ！）」と発言したのが元になった、といわれています。それ以前はフリードマン宇宙と呼ばれていたようです。

## ●宇宙背景放射とは何か？

さて、ガモフが予言したという「宇宙マイクロ波背景放射（CMB）」の光を見つけることで、それがなぜ、ビッグバンがあった証拠といえるのでしょうか？

宇宙マイクロ波背景放射（CMB）とは、「宇宙のどの方向からも等しく観測される電波」のことです。マイクロ波は特別な電磁波ではなく、電子レンジにも使われている身近なものです(300MHz ～ 3THz の周波数)。

もし、本当に宇宙誕生時に「火の玉宇宙」という時代があったなら、その「名残」が今もこの宇宙のどこかに残っているはずです。火の玉というのは、太陽の中のような、高エネルギーの光の玉の状態だと理解されます。

ビッグバン誕生時の宇宙の温度は、少なくとも 100 億度以上だったとされています（元素の合成が起こるために必要な温度です)。その温度が宇宙膨張と共にどんどん下がってきて、現在の宇宙になったということなのです。

## ●宇宙背景放射が偶然、発見される

ガモフの予想値は絶対温度 5K(摂氏温度に直して－ 268℃）という極低温のものでしたが、ガモフ自身はこれを発見することができませんでした。なお、宇宙マイクロ波背景放射（CMB）はこの 5K の温度のエネルギーをもつ光電磁波として観測されるので、電波望遠鏡でその電波を検出すれば、宇宙背景放射を発見したことになります。

そして 1964 年、宇宙マイクロ波背景放射（CMB）は偶然に発見されました。ベル研究所のペンジアスとウィルソンの二人は、超高感度低温マイクロ波アンテナを使って宇宙観測をしていたのですが、このアンテナを設置している際、説明のつかない電波ノイズを拾ったのです。そのノイズは天の川銀河の中心部からくる放射よりも強く、ニューヨークからの電波が原因でもありません。

よく見ると、アンテナに鳩のフンが多数ついていたので「これが原因か？」と何度も掃除をしてみたものの、ノイズはずっと続いたまま……。

この発見を論文に発表したところ、後になってそれがビッグバンの名残を示す電波、すなわち宇宙マイクロ波背景放射（CMB）であることがわかったわけです。こうして1978年、ペンジアスとウィルソンはノーベル物理学賞を受賞しています。

二人が見つけた電波は、宇宙のどの方向からも一様に届くもので、温度はガモフの予想より低い3K（現在では、より正確には2.7255K）でした。

## ●「宇宙の温度のゆらぎ」を衛星が次々に発見

現在、この宇宙背景放射を正確に計測したところ、宇宙のどの方向からも絶対温度3K……といいたいのですが、温度を10万分の1の精度で見ると、ほんの少しだけ「ゆらいでいる」ことがわかっています。10万分の1の「ゆらぎ」があるのです。

83ページに、3枚の画像を掲載しました。全天（宇宙の天球）を世界地図（モルワイデ図法）のように描いています。電磁波で見ることのできる宇宙の果てが最終散乱面として見えるわけですが、場所によっては、3Kからわずかに「ズレ」（ゆらぎ）が見えます。

3枚の画像を見ると「明らかな差がある」ように見えますが、下に行くにつれて、最新の衛星実験の撮影になっており、角度分解能の精度を上げてきたのです。

最初はアメリカの**COBE衛星**（1989～1996）が宇宙マイクロ波背景放射の温度ゆらぎを見つけました。1枚目の画像です。

その後、2001年に打ち上げられたアメリカの**WMAP衛星**（ダブリュマップ）が2006年に詳細な温度ゆらぎの測定と、E-モード偏光の検出を発表しました（2枚目の画像）。そしてヨーロッパの**Planck衛星**（プランク）がさらに詳細な温度ゆらぎとE-モード偏光の観測結果を発表しました（2015年）。

偏光とは、光の波の面が偏った場合の状態のことをさします。その偏光のパターンには、**E-モード**と**B-モード**の2つが存在します。より検出しやすい、放射状の偏光パターンを示す線偏光に起因するE-モードは、WMAP衛星以来、高い精度で検出されてきました。

## ●10万分の1の「ゆらぎ」が銀河をつくった

現在の宇宙の平均温度「3K（－270℃）」を見つけたということが「ビッグバンがあった証拠」なのですが、それ以上に重要なのが、その平均からのズレである、「**10万分の1のゆらぎ**」の空間分布なのです。

それというのも、もし、この宇宙が温度ゆらぎの空間分布のまったくない、つまり、のっぺらぼうの宇宙であれば「銀河などの構造はできなかった」と考えられているからです。

わずか10万分の1のゆらぎですが、温度も密度も、ほぼ同じようにゆらいでいます。後で詳しく述べますが、宇宙初期のインフレーション（膨張）により、そのゆらぎが仕込まれました。

火の玉である「（光の）放射優勢」の宇宙の後、宇宙年齢が約8万年以降に「物質優勢」の宇宙になることは述べましたが、その時から、重力の不安定性により、密な部分はどんどん密になっていきます。

⊕ 3-3-1 COBE 衛星による CMB ゆらぎの温度の非等方性の全天マップ
口絵（出所：NASA）

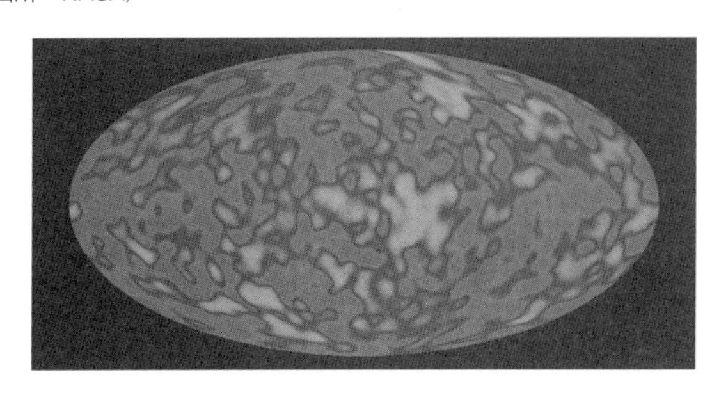

⊕ 3-3-2 WMAP 衛星による CMB の温度ゆらぎの非等方性の全天マップ
口絵（出所：NASA）

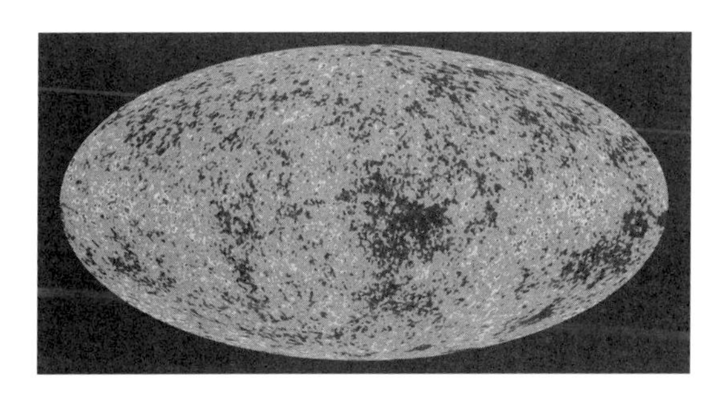

⊕ 3-3-3 Planck 衛星による CMB の温度ゆらぎの非等方性の全天マップ
口絵（出所：ESA）

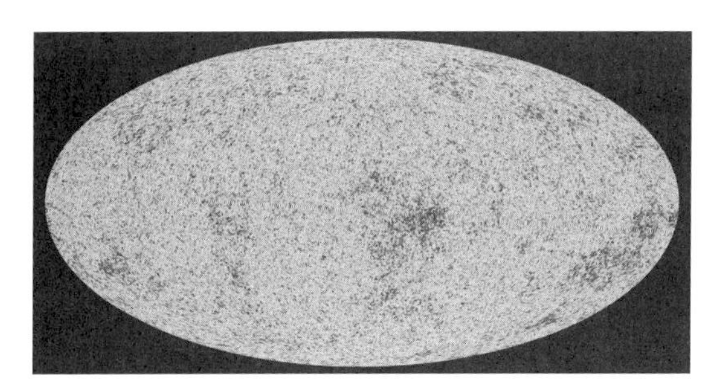

最初は主に相互作用の弱いダークマターが密になっていき、ダークマターのハローを作り始めます。その後はダークマターの密な部分に通常の物質（バリオン物質という）が集まります。そのようにして、銀河ができていきます。

その後、銀河の中で恒星がつくられます。これらは、銀河面にある「**種族I**」の星と、ハロー部分にある古い星である「**種族II**」の星です。銀河がつくられる前にも、早く潰れた部分の一部が、さらに潰れて宇宙最初の星を形成する可能性が指摘されています。これらは「**種族III**」の星と呼ばれているのですが、他の銀河内の種族の星たちより、ずっと初期につくられた星たちなのです。

現在に近い時期になると、銀河同士も集まりはじめ、銀河団や、銀河団を含む超銀河団が形成されます。

このようにして、現在のような豊かな宇宙の大規模構造が生まれました。以上のことは、コンピュータ・シミュレーションを用いた大規模な数値計算によっても確かめられています。

ですから、今のような大規模構造のある宇宙ができるためには、宇宙初期に「**ムラ（密度ゆらぎ）**」が必要で、その「ゆらぎ」の存在は、宇宙マイクロ波背景放射の電波の温度ゆらぎを検出することにより確認できた、ということが重要なのです。

宇宙マイクロ波背景放射の温度ゆらぎについては、人工衛星だけでなく、地上からも観測が行なわれています。最近の進展では、チリのアタカマにある**ACT実験**（Atacama Cosmology Telescope）、南極にあるSPT実験（South Pole Telescope）、**BICEP2**と**KECK Array実験**、チリのアタカマにある我が国のKEK（高エネルギー加速器研究機構）が進める**POLARBEAR（ポーラーベアー）実験**などが、E-モード偏光の検出だけではなく、B-モード偏光の検出にも成功しています。

B-モード偏光とは、回転する形状の偏光パターンが見せる偏光のことです。ただし、これまでに検出されたのはあくまで宇宙背景放射（CMB）が伝わってくる途中で通過した銀河による重力レンズ効果でつくられた2次的なB-モード偏光です。

インフレーション宇宙（4章を参照）時のテンソルゆらぎ（ゆらぎの一つ）がつくる、1次的な原始B-モード偏光の検出は、インフレーション宇宙の検証と深い関係があります。そのため、全世界の実験家が原始B-モード偏光の初検出を目指して、激しくしのぎを削っています。

## ●家のテレビで「CMBのゆらぎ」を確認できる？

現在の宇宙には、「わずかな放射（3K）」があるといいました。これは宇宙背景放射（CMB）という電波です。その電波は角砂糖1個分（1cc）の中を400個ぐらい飛び回っています。これが宇宙初期の火の玉ビッグバンの光の名残です。

この宇宙の中なら、あたりまえに飛び回っている電波であり、ペンジアスとウィルソンが偶然、発見したわけですが、それと同

⊕ 3-3-4 家庭用テレビでもCMBを確認できる
アナログ受信ができるテレビならCMBも受信できる
（この中の数%のノイズはCMBのノイズ）

じことを皆さんも少し古いタイプのテレビをおもちなら、受信を体験できます。

現在のテレビの多くはデジタル対応ですが、アナログも受信できるタイプのテレビですと、写真のような砂嵐を見ることができます。昔のアナログテレビでは、このザーッという砂嵐は誰もが経験していたものです。

この砂嵐の原因の約90％以上は街中や我々の銀河内から飛来する電波です。しかし、残り数％は宇宙背景放射（CMB）、つまり宇宙初期のビッグバンの名残による電波となっています。ですから、このテレビ画像の中にも、今ビッグバンの名残を見ていることになるのです。

# 4 ダークエネルギーを発見！

2011年のノーベル物理学賞は、ソール・パールムッター（米1959～）、ブライアン・シュミット（豪1967～）、アダム・リース（米1969～）の3人に贈られました。パールムッターは超新星宇宙論プロジェクトを率いていました。シュミットとリースはHZTプロジェクト（High-Z Supernova Search Team）という同じグループを率いていましたので、実際は2つのグループが受賞したことになります。彼らは何を発見したのでしょうか。

彼らの業績を平たくいうと、「**Ⅰa型超新星爆発**（いちエイ）」を観察することによって、

「宇宙の膨張は**減速膨張**ではなく、『**加速膨張**』であること」
を科学的に証明した点にあります。

これは「**ダークエネルギー**」の存在を、観測により間接的に確認したということになる、きわめて画期的な研究成果です。

## ●超新星爆発の二つのタイプ

膨張速度を測るには、遠くの銀河までの距離を正確に測ることが最も重要です。ところが、これがとても困難な仕事なのです。遠い距離の標準指標として、「**Ia型超新星**」からの光を使う方法

を用いた理由は、光源として、その絶対光度の測定が正確だからです。

よく知られている超新星爆発というのは、太陽よりも大きな星が恒星として迎える最後の大爆発のことです。非常に大きな質量をもつ恒星の場合、超新星爆発のあとに中性子星やブラックホールを残すことが知られています。

じつは、超新星爆発には、大きく分けて２種類あります。上記で紹介した、重い星の死に際して中性子星やブラックホールを残すタイプの超新星爆発は、主に**II 型の超新星爆発**と呼ばれるものです。II 型の超新星爆発は、燃やす燃料がなくなってくると、質量が大きすぎて自分の重力を支えきれず、重力崩壊が引き金となり爆発します。

それとは異なるタイプの超新星爆発があります。**Ia 型の超新星爆発**と呼ばれるもので、双子星で起こることが知られています。双子星の一方が白色矮星（わいせい）（矮とは小さいの意）であり、もう一方の星が主系列星（通常の太陽のような恒星）であった場合、その主系列星から白色矮星への質量降着がありえます。それが爆発を引き起こすタイプをIa 型と呼びます。

そうした太陽質量ほどの恒星が歳をとってくると、**赤色巨星**になります。それが冷えていって収縮してあとに残る、自己重力を電子の縮退圧で支えるコンパクトな星を**白色矮星**と呼びます。

なお、白色矮星による紫外線で照らされたガスが見せる美しい姿は、**惑星状星雲**(Planetary Nebula)と呼ばれます。双子星でない我々の太陽の行く末は、白色矮星と美しい球形の惑星状星雲になるだろうと予想されています。

⊕ 3-4-1 宇宙の宝石、惑星状星雲 口絵
(出所：NASA)

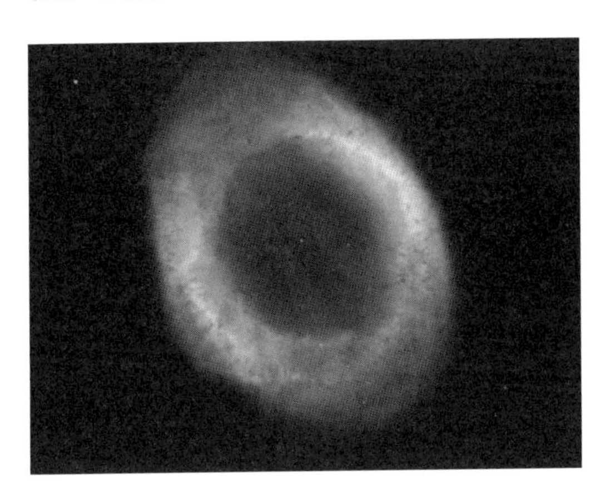

## ●チャンドラセカールの限界質量

さて、白色矮星として存在できるための質量には、「**チャンドラセカールの限界質量**」という、典型的に約 1.4 倍の太陽質量という値があります。この質量を超えるような質量降着があった場合、核反応が暴走して超新星爆発を起こします。そのときの絶対光度は、チャンドラセカール質量の星の重力のエネルギー（もしくはそれを支える束縛エネルギー）で決まるため、近似的に均一であることが知られています。つまり、爆発したときの光度のピークのところの明るさが一定である、という特徴があります。

「明るさが一定」ということは、Ia 型超新星が含まれる銀河までの距離を測定するための「**標準光源**」としては都合がいい、ということを意味します。

もちろん、Ia 型のピークの光度にも多少のばらつきはあるのですが、光度の時間に対しての落ち方などから、経験的な補正方法

を導き出し、より精度を高めた方法が用いられています。現在では、その双子星も、両方が白色矮星である場合についての新しいタイプの超新星爆発の研究も進んできており、将来はもっと精度が高められるだろうと期待されています。

このように、距離を正確に測ることのできるモノサシを得たことで、天体が光を発したときからの、宇宙の膨張の様子を観測から詳しく知ることができます。

従来考えられていたような、物質が支配的な減速膨張宇宙の予言では、まったく合わない結果を示していたのです。

1990年代の前半までは、多くの宇宙物理学者の間でも、宇宙が加速膨張しているとは、ほとんど考えられていませんでした。ノーベル賞を受賞した二つのグループも、最初は膨張宇宙（減速しながらの膨張）なのか、それとも収縮宇宙なのかを精密に測ろうとしたのです。精密に測ってみると、思いもしない「加速膨張」を示していました。彼らは常識にとらわれず、勇気をもってそれを発表したのです。

## ●加速膨張をフリードマン方程式で確認する

なぜ「加速膨張」かを知るために、少し数式で説明しておきましょう。数式が苦手な人は細かなことには目をつぶって、なんとか流れだけをつかむだけでもかまいません。

以下の式は「**フリードマン方程式**」といわれるもので、宇宙の膨張の大きさ（$a$）を時間（$t$）で微分すると、「宇宙の膨張の速度」を意味します。

$$\frac{1}{a} \times \frac{da}{dt} = \text{定数}$$ …………フリードマン方程式

この定数は、宇宙定数からきています。さらに変形して、

$\frac{da}{dt}$（宇宙膨張の速さ）＝定数× $a$（宇宙の大きさ）

となります。この式を見ると、「宇宙膨張の速さ」は「宇宙の大きさ」を定数倍したものとして、表わされています。

この式の意味は、膨張速度がどんどん増すということを表わしていて、右辺の「宇宙の大きさ（$a$）」が大きくなればなるほど、左辺の膨張速度（$da/dt$）もどんどん大きくなります。これが指数関数的膨張です。膨張の加速度を知るためには、膨張速度（$da/dt$）をもう一度微分すればいいので、

膨張の加速度＝ $\frac{d^2a}{dt^2}$ ＝定数×宇宙膨張の速さ（$da/dt$）

＝定数×定数×宇宙の大きさ（$a$）＞０

２行目の式変形には、その上の関係式を使いました。この式は、

(定数)$^2$ ＞０　　宇宙の大きさ＞０

なので、必ず正となります。つまり膨張の加速度が正となります。つまり、フリードマン方程式により、加速して膨張していることを示しています。

## ●動的な宇宙を予測できなかったアインシュタイン

このように、宇宙が膨張していること自体は、フリードマン解によって数式上で示され、さらにハッブルによって宇宙膨張の観測的事実からも、宇宙が膨張していることが示されました。

といっても、1990年代中盤までは、膨張はするけれども徐々にそのスピードは落ちる減速膨張、もしくは収縮宇宙の可能性があると信じられていました。

しかし、Ia型による膨張速度の計測で新たにわかったことは、「現在の宇宙は膨張し続けているが、それは減速膨張ではなく、加速膨張である」という驚くべき事実でした。何が「驚くべき事実なのか」、減速膨張でなくても、膨張することに変わりはないのでは、と思う方もいるかも知れません。

アインシュタイン方程式に、アインシュタイン自身が「宇宙項」を一度は導入しましたが、後にそれが間違いだったと取り下げた経緯は前に説明しました。当時、宇宙項を導入したのは、「重力によって将来、宇宙が収縮して潰れてしまうのを防ごう」と考え、その重力につりあうような**斥力**（反発力）を追加することで「定常宇宙」を保とうした——それがアインシュタインの最初の発想でした。

実際にはハッブルの観測によって、宇宙は収縮するどころか膨

**⊕ 3-4-2 加速膨張と減速膨張の違い**

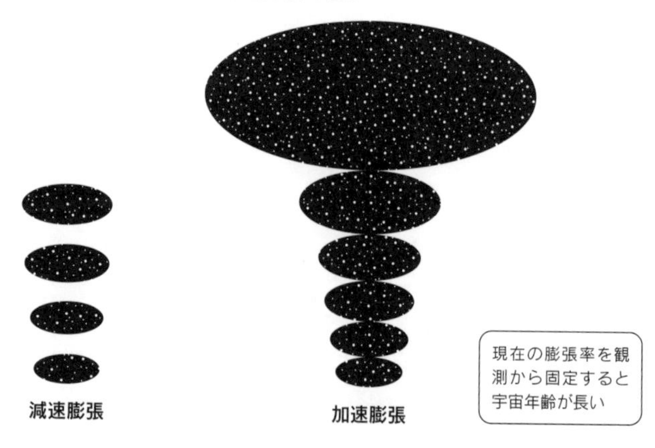

張しており、潰れていないことがわかった。そこでアインシュタインは「宇宙項は必要なかった、人生最大の過ち」と述べたのでした。

詳しい解析を行なうと、そのようにつくった静的な宇宙は、少しの密度ゆらぎなどの擾乱（じょうらん）により、膨張か収縮が起こってしまうような不安定な宇宙となることが知られています。動的な宇宙を予言できなかったところは、アインシュタインのミスだったということができるかもしれません。

## ●宇宙項こそ「ダークエネルギー」だった

ところが、宇宙が加速膨張しているとなると、話は別です。「宇宙項」を手で挿入することで、方程式の上で理論的に「加速膨張」を説明することができるからです。

では、宇宙を加速膨張させている正体、つまり「**宇宙項（宇宙定数）**」のようなエネルギー状態の正体は何なのかという疑問がわきます。しかし、それがさっぱりわからない。

そこで「わからないけれども、確かに存在する大きなエネルギー」ということで「宇宙項」を含む広い概念として「**ダークエネルギー**」という言葉を使うことがポピュラーとなりました。言葉自体は1998年にアメリカの理論家であるマイケル・ターナーによってつくられたとされています。

アインシュタインが人為的に書き込んだ「宇宙項」は定常宇宙を成り立たせるための「苦し紛れ」の感がありましたが、精緻な観測から、宇宙は加速膨張を続けており、そのためには一定以上の大きさの「宇宙定数のようなエネルギー状態」を方程式の中に入れることが妥当、と考えられたのです。

その意味ではアインシュタインの意思とは異なりますが、「宇宙項」が甦ったことは間違いありません。前に、「現代になってみると、宇宙項を入れたことは一部は間違いであり、一部は正しいといえます」といったのは、そういう意味です。

実をいうと、私たちのような宇宙論の理論家の間では、1990年代後半のパームルッターらの発見を待たずして「宇宙項はあるだろう」と考えられていました。というのは、私が学生であった1990年代中頃でも、球状星団の年齢はどう短く見積もっても120億年。そして、フリードマンの宇宙モデルでは、当時のハッブル宇宙望遠鏡によるハッブル定数の最新観測を使うと、宇宙項なしの宇宙年齢はどう長く見積もっても100億年以下にしかなりません。

だから、「そのギャップを埋めるためには、宇宙項のようなエネルギーが必要にちがいない」と考えられていたのです。宇宙項が存在すれば、宇宙年齢は観測に合うように延ばすことができるからです。

## ●ダークエネルギーは宇宙の70%を占める

宇宙は何でできているのか。それをPlanck衛星実験チームが発表したのが次のグラフです。エネルギーの割合にしてみると、大雑把にいえば、ダークエネルギーが宇宙全体の70%、ダークマターが25%、通常の物質（バリオン）が５%です。

ダークエネルギーとはエネルギー状態のことを指しており、飛び回っている粒子でできているわけではありません。このため、たいへん比較しにくい面があるのですが、放射に加えて、ダークマターや物質が「重力（引力）」として減速膨張を引き起こすエネ

⊕ 3-4-3 宇宙の構成の割合

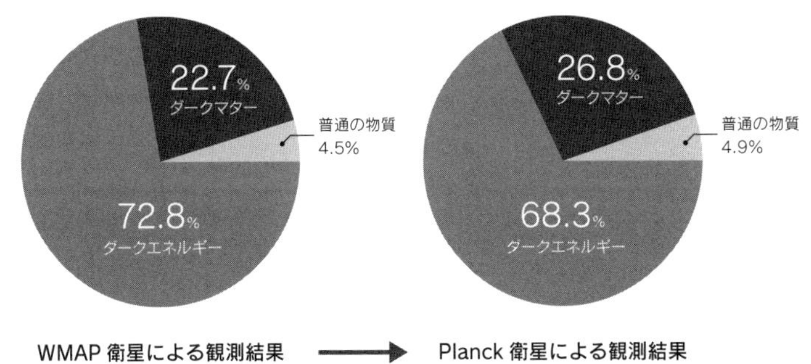


ルギー状態であるのに対し、ダークエネルギーは宇宙を加速膨張させる「斥力＝反発力」を引き起こすエネルギー状態です。

どうやってわかるのでしょうか。宇宙膨張に与えるそれらの影響を、宇宙の長い期間にわたって計算した理論と、その影響を調べる観測とを比べることにより、それぞれの宇宙初期でのエネルギーの割合を計算します。

「これだけのエネルギーがその当時あった」ということがわかると、現在の宇宙での割合に戻して計算することができるのです。

ダークエネルギーの正体はまったく不明です。ただ、多くの宇宙論の研究者はダークエネルギーの存在は疑いようのないものと考えています。

私たちが見ている原子は「宇宙のすべて」どころか、宇宙全体のエネルギーの５％ぐらいのもの。私たちの体をつくったり、地球をつくったり、太陽や銀河をつくっている原子ですが、たった５％です。

その5倍あるのが、**ダークマター**（暗黒物質）でした。ダークマターは可視光はもちろん、あらゆる電磁波を使っても見えない物質です。宇宙全体のエネルギー換算で、25 〜 27%ぐらいあります。

残りの約 70%が「**ダークエネルギー**」です。これまでの観測では、ダークエネルギーには時間変化する兆候が見られません。このため、宇宙創生期からずっとエネルギー量が変わらないのではないかと考えられています。

現在の理解ではダークエネルギーは「宇宙項」と矛盾しません。

私たちが見える物質は５%の少数派であり、残りの95%の多数派は見えない「暗黒世界」の住人です。そういう世界に我々は生きていると考えられるのです。

将来、宇宙の膨張率などをもっと正確に測ることができれば、ダークエネルギーが本当に宇宙項なのか、あるいは時間変化を少しでもしているかがわかります。

そうした観測として、ハワイにある日本のすばる望遠鏡を用いた「**すみれ**（SuMIRe）」計画、あるいは欧州宇宙機関（ESA）の暗黒宇宙探査機ともいわれる「**ユークリッド**（Euclid）」衛星を用いた計画があります。

広い視野を使った銀河調査（サーベイ）により、例えば銀河の重力レンズ効果、銀河分布、バリオン音響振動などを通してダークマターやダークエネルギーの観測を行なうような計画です。もし、宇宙項が時間変化していると、今後それらの観測で見つかってくるかもしれません。

# 5 距離の測定は意外に難しい

先ほど、「距離の測定はむずかしい」という話をしましたが、天体までの一般的な距離測定の方法や、ダークエネルギーの測定をしたIa 型超新星爆発の方法について、説明しておきましょう。

## ●レーザー法、年収視差法

近い惑星であれば、「**レーザー法**」によって惑星などにレーザーを当て、反射して戻ってくるまでの時間を測定することで距離を測ります。この方法を使うことにより、月までの距離は数センチの精度、火星までの距離は数メートルの精度で計測されます。

しかし、恒星にはレーザー法は使えません。レーザーが戻ってこないからです。そこで比較的近い恒星の場合には、「**年収視差法**」が使われています。

いま、地球が次ページの図のAの位置にいるとき、恒星Xは地球からaの方向に見えます。次に地球がBの位置にくると、恒星Xはbの方向に見えます。そして、Xよりも遥かに遠い恒星Yは、地球の公転によるズレが生じないため、常に一定の方向に見えるとします。そこで、この遠方の恒星Yとのズレ、つまり∠aXYを測定します（それは「地球A・恒星X・太陽O」の角度∠

⊕ 3-5-1 年周視差による距離測定の方法

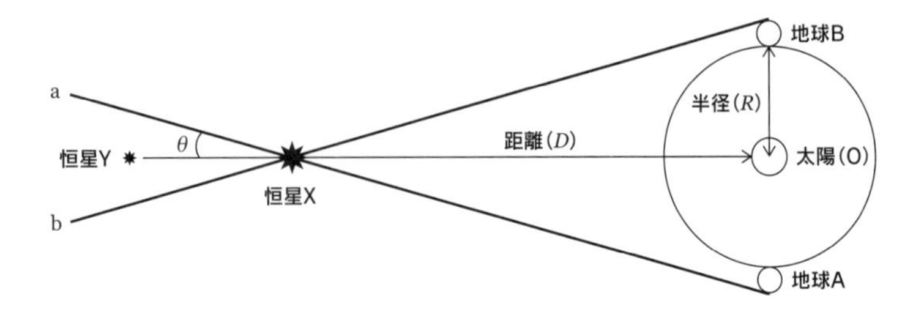


AXO と等しい)。

この角度∠ aXY = $\theta$ とすると、高校の数学での tan を思い出せば、恒星 X までの距離($D$)は、

$$\tan\theta = \frac{R}{D} \text{ より、} D = \frac{R}{\tan\theta}$$

となります。$R$ は地球の公転半径で、$\theta$ を正確に測れば、恒星 X までの距離を求めることができます。

ここで、「角 $\theta$ = 1 秒のときの天体までの距離を **1 パーセク**」と決めています。1 パーセクはおよそ 3.26 光年に相当します。なお、角度で 1 秒というのは、1°= 1 時間としたときのことをいうので、「1 秒= 1/3600°」です。

$\theta$ をラジアンで測った場合、このように $\theta$ が小さいときには、$\tan\theta \fallingdotseq \theta$ の近似も使えます。

## ●「宇宙の灯台」セファイド型変光星

さらに遠い恒星になってくると、視線速度法、分光視差法なども利用しますが、我々の銀河の外の恒星になると、これらの手法も使えなくなってきます。そこで利用されているのが「**セファイ**

**ド型変光星**」を使う方法です。

セファイド型変光星は絶対光度が太陽光度の10万倍も明るく、しかも周期的（1日～100日）に光度が変化します。さらによいことに、マゼラン雲内（例えば小マゼラン雲内）で見つかったセファイド型変光星の多くは、地球から見ればほぼ同程度の距離だと考えられますから、その周期を測定すれば恒星の絶対等級がわかることになります。

つまり、あらかじめ近傍で距離がわかっているセファイド型変光星の周期と絶対等級の関係を求めておけば、次に未知の銀河のセファイド型変光星を見つければ、その銀河までの距離の測定に役立てられるということです。1908年に、ハーバード大学天文台(HCO)にいたヘンリエッタ・リービット（1868～1921）が見つけたこの関係は、「絶対光度が明るいものほど周期が長い」というものでした。

セファイド型変光星は「**宇宙の灯台**」や「**標準ロウソク**」という異名をもつほど、非常によく使われていたのですが、問題がありました。それは超遠距離の銀河には使えないことです。たしかにアンドロメダのような近距離（200万光年）にある銀河であれば、セファイド型変光星を空間的に分解して、その光度を観測できますので、有効な方法です。

しかし、数十億光年も先の銀河を見るとなると、その銀河の光の点の中からセファイド型変光星を分解できませんので、「宇宙の灯台」として使うことができません。

## ●遠い銀河までの計測は「Ia型超新星」で

前にも述べましたが、**Ia型**（いちエイ）というのは、超新星爆発のタイプのことです。超新星という言葉は、小柴昌俊さんが1987年に爆発した超新星1987Aからのニュートリノを検出したことによりノーベル賞を受賞したことで、たいへん有名になりました。現在では、超新星1987Aが起きた理由である「星の最期」「星の死」という意味が超新星には浸透してきました。

しかし、Ia型超新星はそうではありません。Ia型超新星は、白色矮星と主系列の連星（伴星）との双子星からの爆発現象です。伴星からの質量降着によって、白色矮星がもちうる質量の上限（**チャンドラセカール限界**）を超えたとき、超新星として爆発するという、まったく異なるタイプです。

チャンドラセカール限界を超えるとき、炭素が熱暴走をし、鉄をつくる反応が起こり、爆発をします。この爆発を起こすときの恒星の重さなどがほぼきれいにそろっているため、光度も一定に近く、その時間変化も似ています。

といっても「本当に一定なのか」と問われると、完全に同じではなく、絶対光度が大きいほど速く光度が落ちるなどのバラツキも見られます。そこで、絶対光度と落ち方の速さの相関を調べておき、補正して精度を上げます。それを用いて、天の川銀河の外

**⊕ 3-5-2 高赤方偏移のIa型超新星爆発** 口絵
（出所：NASA（Hubble））

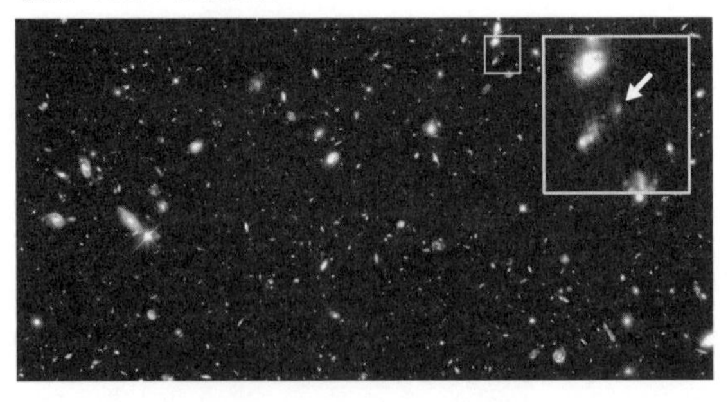

にある遠い天体でのIa 型の距離測定に応用しています。
　画像の小さな四角の枠の中にある矢印の点がIa 型の超新星で、Ia 型は天の川銀河の外にある超新星の爆発です。

## ●Ia型でダークエネルギー、物質の割合などもわかる

　このIa 型超新星については、「Ia 型は十分に数が多いのですか？　計測したい天体のそばに、いつでもIa 型超新星が存在していないと、計測したい天体の距離を測れないのではないでしょうか」といった質問を受けることもあります。
　もっともな疑問です。その意味では、どの方向にも無数にIa 型が存在するわけではありませんが、「赤方偏移の関数」として見れば、一つの赤方偏移について一様等方な成分を見ていることになります。その意味では、たとえ全方向にIa 型がなくても、その赤方偏移での後退速度を表わしていると考えられるのです。
　次ページのグラフで見ると、遠いIa 型で10 個ぐらい（2001年）しかありませんが、赤方偏移 $z$ の関数としてあるということは、どの赤方偏移 $z$ でも違いはないと考えられます。
　その意味では、方向によって膨張速度が変わるわけではないので、一つでもIa 型超新星があれば有益な情報になります。どの赤方偏移 $z$ でも同じと考えます。
　このグラフを少し見ていただきましょう。横軸は赤方偏移です。地球からの距離に関係しています。右に行けば行くほど遠方を表わしています。ここにそれぞれの銀河の暗さを縦軸にプロットしています。観測値には、上下方向に誤差が書いてありますね。誤差の範囲で、正しいデータという意味です。
　データを見ていくと、面白い点に気づきます。基準となる平行

⊕ 3-5-3 遠方 Ia 型超新星の暗くなり方
(数十億年前＝数百 Mpc ～1Gpc の距離)
(https://www.kek.jp/ja/NewsRoom/Highlights/20111216160000 より作成)

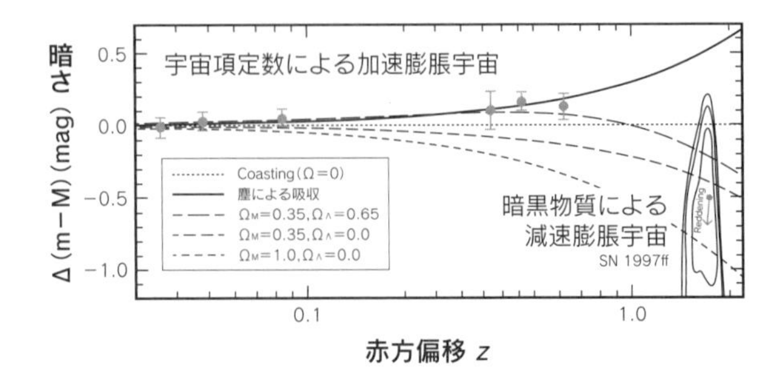


の線は、宇宙の歴史を通して、膨張の効果を相殺させると「明るさは変わらない」ということを表わす線です。一番上の実線は超新星爆発からの光が伝わってくる間に宇宙空間にある塵（ちり）により、吸収を受けたと仮定して描かれた理論曲線です。遠くまで見れば見るほど、吸収を受けて暗くなるので、どんどん右上がりになりますね。

これでは、赤方偏移 $z$ が0.8までのデータを説明することができても、右下のSN1997ff（SN とはSuperNova＝超新星の略）のデータを説明することができません。

ところが上から２番目の線は違います。この線は宇宙項（ダークエネルギー）が65%で、物質（ダークマターと通常の物資の合計）が35%の割合で存在した時の理論曲線です。一度、赤方偏移 $z$ が0.4付近から曲がって、基準の線より下に行っていますね。昔に戻るほど、１回暗くなってから、次に明るくなっていることを表わしています。

この意味を説明します。赤方偏移 $z$ が1.0より小さい、現在に近い時期では、ダークエネルギーの寄与がどんどん増えてきたせいで、同じ高赤方偏移でも、距離がより遠くなり、超新星爆発は暗く見えます。それが基準の水平な線より、上に行っている理由です。

一方、赤方偏移 $z = 1.0$ より大きい時期の、より初期の頃には、ダークエネルギーの寄与が小さく、暗黒物質（ダークマター）による減速の効果のほうがずっと大きいのです。そのため、相対的にあまり膨張していないため、基準の水平な線より明るくなり、下に行っています。この図をよりよく説明するために、データの誤差の範囲内で、ダークエネルギーと物質の割合が得られたことになります。

## ●ダークマター、ダークエネルギーの比率

多くの読者は、なぜダークマターを含む物質が約30%、ダークエネルギーが約70%といえるのか、それを知りたいと思っていることでしょう。

なぜ、WMAP衛星やPlanck衛星による宇宙マイクロ波背景放射（CMB）の非等方性とIa型超新星爆発のデータ解析でダークエネルギーの量がわかるか、という点です。

次の図を見てください。横軸の $\Omega_M$ とは物質のエネルギーの割合です。縦軸の $\Omega_\Lambda$ はダークエネルギーの割合です。

この右肩下がりのラインは、宇宙の曲率のゼロという平坦な宇宙の場合の線です。いまはダークマターと通常の物質とを、物質として総称して一緒のグループにしています。ちなみに、$\Omega_\Lambda$ の「Λ」（ラムダと読みます）は宇宙関係の習慣として、アインシュタイン方程式の宇宙項（宇宙定数）を表わします。この2成分で宇宙が主に構成されているとするなら、完全に平坦な宇宙の場合、

## ⊕ 3-5-4 ダークエネルギーが70%だとわかる理由

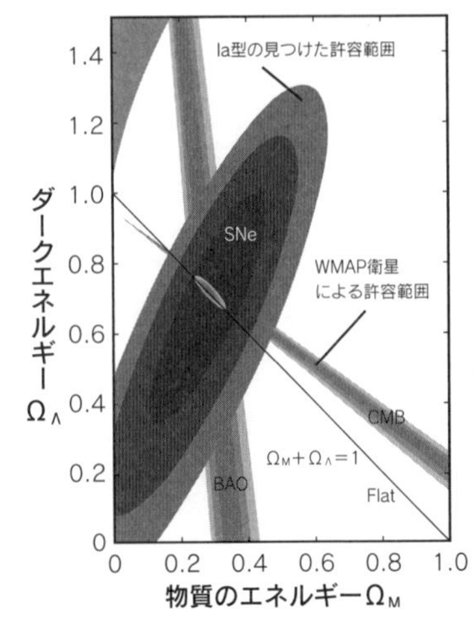


$$\Omega_M + \Omega_\Lambda = 1$$

を意味します。実際、CMB 非等方性の実験は、宇宙の曲率についての精度がとても高いのです。実験結果は、右下がりの線に沿うような、$\Omega_M + \Omega_\Lambda = 1$ という曲率ゼロの宇宙を高い精度で検証しています。たいへん誤差が少なく誤差の幅が狭い、許容範囲を示しています。この２成分で100％をどう割り振るかという問題に帰着するという理解となります。

Ia 型超新星が見つけたのは、このような楕円で表わされる許容範囲です。そしてWMAP 衛星はCMB と書かれた細長い許容範囲を示しました。重なった部分のベストフィットが0.3（物質）と0.7（ダークエネルギー）となり、宇宙のエネルギーのうち、30％が物質で、残り70％がダークエネルギー（宇宙定数）ということが示されました。

このように、後のCMB 実験による詳細な検証を受け、Ia 型超新星爆発の観測による加速膨張の証拠は確かなものとなり、パールムッター、シュミット、リースの３人がノーベル賞を受賞したのです。

# 6 予想より56ケタも小さい？

ダークエネルギーをめぐっては、解かれていない謎があります。それは想定される量よりも、はるかに少ないことです。

ダークエネルギーが理論計算で「存在すべき量」として期待されている量に比べると、エネルギーにして14桁以上（$10^{14}$）も小さく、エネルギー密度で換算すると4乗すればよいので$10^{56}$倍以上も小さいのです。

## ●宇宙最大のミステリー

いまの値より$10^{56}$倍も大きいならば、宇宙に占めるダークエネルギーの量は現在の70％どころか、99.999999……％はダークエネルギーでなければならないことになり、地球や太陽、銀河をつくる「物質」は0.000……％と、限りなくゼロに近いことになります。

もし、理論計算どおりのダークエネルギーが宇宙初期から存在していれば、この宇宙はずっと早くにインフレーションのように指数関数的な膨張をしたはずで、そうなると銀河も太陽も生まれることさえできなかったと考えられます。

それがなぜか、我々が住むこの宇宙は極端に小さなダークエネルギーになっている。しかも、ゼロではありません。

私自身はこれを「科学における最大の謎」だと思っています。このようにチューニングされた不思議な宇宙でないと、人間は宇宙に住めなかったのです。

**観測された宇宙**……$G_{\mu\nu} + \Lambda g_{\mu\nu} = \frac{8\pi G}{c^4} T_{\mu\nu}$

**理論で期待された宇宙**

……$G_{\mu\nu} + \Lambda g_{\mu\nu} \times 10^{56}$ 倍 $= \frac{8\pi G}{c^4} T_{\mu\nu}$

（Λ＝観測された宇宙定数、Λを含んだ項が宇宙項）

観測された我々の宇宙は、理論から考えると「異常に小さな宇宙定数」の世界になっていて、これは物理学の中で（必然的に）起きたことなのか、それとも「**人間原理**」といって、人間を生かすような条件が偶然そろったような場所しか観測できなかったのか。その区別がつかないのです。

ダークマターの量は、後で述べる超対称性理論の範囲内で説明できる可能性があります。しかし、ダークエネルギーは、理論値と観測値がまったく合いません。観測値は2006年にアメリカのWMAP衛星が再確認しています。

「それなら、ダークエネルギーだけを説明できる理論をつくればよいではないか」と考える人もいるかもしれませんが、物理学というのは、すべての理論と矛盾がないことを指導原理の一つとしています（とくに「基礎物理学の理論」の分野では）。ですから、ダークエネルギーだけを矛盾なく説明できる理論をつくっても、他の物理学の理論との関連性で矛盾があれば、それこそ信用されません。

「もし、宇宙が無数にあったとしたら、そんな小さなダークエネルギーの宇宙（私たちの住む宇宙）が生まれてもおかしくはないだろう」と思うかもしれません。しかし、確率的な解釈をしても、ありえないような話なのです。例えば、鶏が10個のタマゴを生んだとします。そのタマゴの重さを比べると、誤差が数％ぐらいはあるでしょうが、$10^{-56}$倍という、目に見えないようなミクロのようなタマゴが生まれることがあるのか、ということです。これはそれくらいヘンな話なのです。

## ●どのようにエネルギー計算をしたのか？

「理論計算が間違っているのではないか？」という疑問もあるでしょう。そこで、簡単に算出方法を示しておきましょう。数式を見るのが嫌な人は、理屈だけを追ってみてください。

「物質」が宇宙の引力であるのに対し、「ダークエネルギー」はそれに反発する斥力です。このため、ダークエネルギーはアインシュタイン方程式の中でいえば「宇宙定数」に相当します。それで「ダークエネルギー＝宇宙定数」として扱っているわけです。

では、ダークエネルギーのエネルギー勘定の方法を紹介します。まず、エネルギー密度＝$\rho$で表わします。ダークエネルギーで観測された量は約（2meV）$^4$です。mはミリ、eVは**エレクトロン・ボルト**（電子ボルト）を表わしますから、$1\text{meV} = 10^{-3}\text{eV}$です。eV（エレクトロン・ボルト）の詳細は次章（4章）で説明するとして、ここでは計算のみを考えてください。

ダークエネルギーの観測値　$\rho =$（2meV）$^4$　……①

ところが、6章で述べる**超対称性理論**（supersymmetry: SUSY）で計算される宇宙定数は、LHC（大型ハドロン衝突型加速器：Large Hadron Collider）で発見されたヒッグス粒子の質量と、少なくとも同じぐらいのエネルギースケール（126GeV）の４乗以上はある、と予言されています。つまり最低でも $(126\mathrm{GeV})^4$ という解釈です。なお、GeVは $10^9$eV（ギガ・エレクトロンボルト）です。

ここで、エネルギー126GeVを４乗して $(126\mathrm{GeV})^4$ としたのは、エネルギー密度（エネルギーの４乗）に換算して比較したかったためです。エネルギー密度は「エネルギーを体積で割った量」で、体積は長さの３乗であり、長さはエネルギーの逆数なので、エネルギー密度は「１乗＋３乗」でエネルギーの４乗の次元をもっているのです。

話をもとに戻すと、いま、簡単化のために、126GeV≒100GeVと考えます。「$\rho_{超対称性理論}$」とは、ダークエネルギーの可能な理論値を指しています。

理論値　$\rho_{超対称性理論} = (100\mathrm{GeV})^4$　……②

同様に、①のダークエネルギーの観測値 $(2\mathrm{meV})^4$ の係数２も１として簡単化してしまうと、①÷②は、

$$\frac{\rho}{\rho_{超対称性理論}} = \frac{\{(1\mathrm{m})\mathrm{eV}\}^4}{\{(100\mathrm{G})\mathrm{eV}\}^4} = \frac{(10^{-3}\mathrm{eV})^4}{(10^{11}\mathrm{eV})^4} = (10^{-14})^4 = 10^{-56}$$

となり、「理論値は観測値の $10^{56}$ 倍」という数値が出てきます。

現在、ダークエネルギーが宇宙全体の70％（エネルギー換算値）もあるため、ダークエネルギーは圧倒的に多く見えるのですが、じつは、素粒子論の新理論の予言から比べると、とんでもなく小さな量なのです。

# 宇宙創生から
# インフレーション
# 膨張の
# 宇宙へ

# 「無」からの宇宙創生

宇宙の誕生からごく初期については宇宙物理学者の間でも意見の相違があります。しかし、あえて一般の皆様に語るならば、おおむね、次のようなストーリーであると考えられています。

宇宙はいわば、ポコっと「小さな宇宙」で生まれ、だいたい$10^{-36}$秒後、**インフレーション膨張**という時期に移った。そこはエネルギーが支配し、時間と空間だけがある世界だった。

インフレーション膨張により、空間は光よりも速いスピードで一気に広がり、次の瞬間（1秒よりもずっと短い時間)、**ビッグバン**という超高温・超高圧の宇宙へと移った。その後、ビッグバンによる宇宙の膨張（インフレーション膨張よりはケタ違いに小さい）とともに温度は下がっていき、約38万年後、約3000度になったとき、宇宙は晴れ上がり、現在の宇宙の出発点ができた。それ以降、138億年後の現在まで宇宙の膨張は続いている……、と。

## ●宇宙はポコっと生まれた？

宇宙は膨張している。ということは、時間を巻き戻していくと、過去の宇宙は現在よりも小さかったことになり、宇宙は1点から始まったのではないか？　つまり、「1点＝大きさが無から宇宙は生まれたのではないか」と考えることができます。

これはイギリスのホーキングとペンローズによる「**特異点定理**」の単純化された見方です。しかし、「特異点＝大きさが無」から宇宙が生まれたと考えることは、じつは数式から判断する限り、大きな問題があります。

何が問題かというと、「大きさが無＝0」からの出発とすると、密度も温度もすべての物理量が無限大になってしまい（発散）、物理学者は何も計算できなくなってしまうからです。密度とは、ある体積の中で何個あるか、つまり「個数÷体積」です。体積（分母）がゼロの量の密度の計算となります。

いわば、「$\frac{1}{0}$を計算しろ」といわれたようなものです。分母が0では分数計算はできません。つまり、宇宙初期に宇宙の大きさをゼロと仮定する、既存の物理学の式、たとえば一般相対性理論を使う適用限界を越えているので、計算結果は信じられないという意味です。

そこで、ホーキングとペンローズは「**無境界仮説**」という理論を発表しました。それによると、「宇宙は1点（大きさが無）から始まったのではなくて、初めから『ある大きさ』をもった『球』のようなものから始まったのではないか？」というものです。

なぜ、球のようなものを想定するのか。それは、泡がポコっと生まれるようにして宇宙も生まれたのではないか、と考えているからです。

⊕ 4-1-1 宇宙はポコッと生まれた

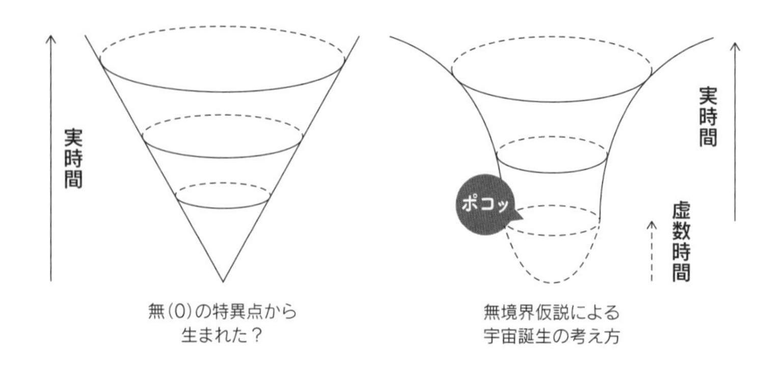


## ●トンネル効果と虚数時間

じつは、このようなことは地球上でも日常的に起きていることです。「**相転移**(そうてんい)」という現象で、水が沸騰するときに水の中から水蒸気の泡がいきなりポコっと生まれるとか、水を冷やしていくと水の中から氷の塊が急にできるような現象です。これらが「1次の相転移」という激しいタイプの相転移です。

宇宙はあるとき、確率が1になって「ポン」と生まれたと考えます。その生まれる途中で流れる時間(相転移の時間)が「**虚数時間**」です。そして、私たちのよく知っている「実時間」になったとたん、ある程度の大きさをもって宇宙がポコっと現れた。

宇宙はこのように、「無」からではなく、「ある大きさ」をもって生まれ、そこから一気に急膨張を始める。これがホーキングらが唱える**無境界仮説**の考え方です。これは量子現象での**トンネル効果**と呼ばれる相転移なのですが、前の例は古典的な相転移です。

このような宇宙誕生のストーリーを考えると、特異点(体積ゼロ=無)は必要ではなくなります。泡が目の前にポコっと現れる直前までは「虚数時間」が流れていて、「実時間」になった瞬間、宇宙は有限の大きさで生まれ、そこから膨張する。そういう解釈です。

重要なことは、「宇宙は、時間と空間をつくりながら広がっていった」という点です。逆にいうと、「宇宙の始まりの前には、(実)時間もないし、空間もない」といえるかもしれません。いくつかのモデルでは、膨張宇宙の前にも、収縮宇宙があったことを予言しますが、その違いは、現在の観測と実験のテストでは検証されておらず、今後の進展が待たれます。

## ●宇宙の始まりの前には時間も空間もない!

トンネル効果や虚数時間について、もう少しお話しをしておきましょう。いま、次の図 4-1-2 のように、A がポテンシャルエネルギーの真空だったとします。

途中に山があるけれども、A から B へ行きたい。通常の大きさのボールであれば、ポテンシャルエネルギーの山の上にいれば転がっていけますし、山を越えるエネルギーを外から(熱のゆらぎなどが)与えられれば、山を越えて B に行くことができます。しかし、そうでない限り、山を超えて向こう側の B へ行くことはできません。

ふつうの巨視的なサイズの物の運動を扱う古典力学では、不可能な話です。

けれども、量子力学が扱うミクロの世界では、そうとは限りません。粒子が波でもあるため、山の反対側の B まで波が染み出し、確率的にこの山を越えることがあることが知られています。これが「**量子トンネル効果**」です。実際、半導体のトランジスタ、ダ

⊕ 4-1-2 ポテンシャルエネルギーの概略図

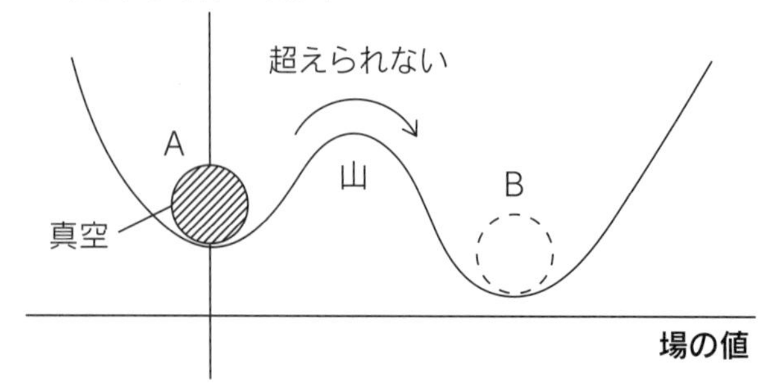


イオードなど量子力学が効くレベルの小さな世界では、このトンネル効果の現象が実用的に利用されています。

私たちはAという箇所にあるものはAの1点にしか存在していないように思いがちですが、量子という小さいサイズになると、実はゆらいでいて位置は不確定です。これを「**量子ゆらぎ**」と呼んでいます。

具体的にいうと、量子はAの「1点」に存在するのではなく、

⊕ 4-1-3 ミクロの世界では「存在確率」で考える

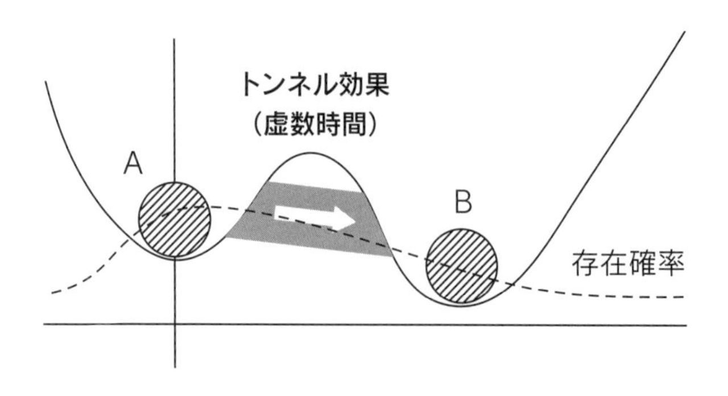

ぼんやりとした曖昧な範囲の中で「存在確率」が広がっています。このため、山を越えたＢの範囲まで波が広がっていると考えれば、量子が山を越えてＢに実在化する確率は「ゼロ」ではないのです。これが私たちの日常接しているマクロな世界とは違うところです。

ミクロの世界では、目の前に山があっても「**量子トンネル効果**」という現象でスッとすり抜ける可能性が確率的にあるのです。このようにスッと通り抜ける途中のタイム、それが「**虚数時間**」です。虚数$i$を実時間$t$に掛け算した「$it$」が虚軸を流れる時間を表わします。相転移後、虚数時間はゼロとなり、そこから実時間の$t$が流れます。

なぜ虚数時間というのか、それは計算上のことです。この相転移の確率を計算する上で、「移動時間」に相当する時間$t$は、方程式の中に$i$（虚数）との掛け算として$it$として現れます。そこで、「トンネルの移動中は、実時間ではなく、あたかも虚数時間$it$が流れている」と解釈するのです。

# 2 インフレーション膨張とは

## ●いきなり「ビッグバン」ではなぜダメか？

さて、「宇宙誕生」の直後から「ビッグバン宇宙（火の玉宇宙）」が始まると考えるのがあたりまえだ、と考えられてきました。しかし、困ったことに、最初からビッグバン宇宙として進化してきたとすると、解決できない問題がいくつもあることがわかってきました。たとえば、つぎのような問題をビッグバン理論では説明ができなかったのです。

①**地平線（ホライズン）問題**。ようやく見え始めた138億光年先の宇宙背景放射がどの方向からも同じ3Kというのは、因果律に矛盾するのではないか？

②**宇宙に端はあるのか？**　宇宙の形も地球の表面のように丸まっているのか？

③**銀河の種はどのようにして生まれたのか？**　宇宙背景放射の温度ゆらぎをどのようにつくるのか？

④**モノポールは**？　大統一理論の相転移のときにつくられたとされるモノポールが多すぎるはずだが、発見されていないのはなぜか？

これらを解決するものとして、「**インフレーション理論**」が提唱

⊕ 4-2-1 インフレーション宇宙論―― 1981 年、佐藤勝彦氏、アラン・グース氏によってほぼ同時に発表された

宇宙が進化した結果、現在のような星や銀河などが生まれてきた。


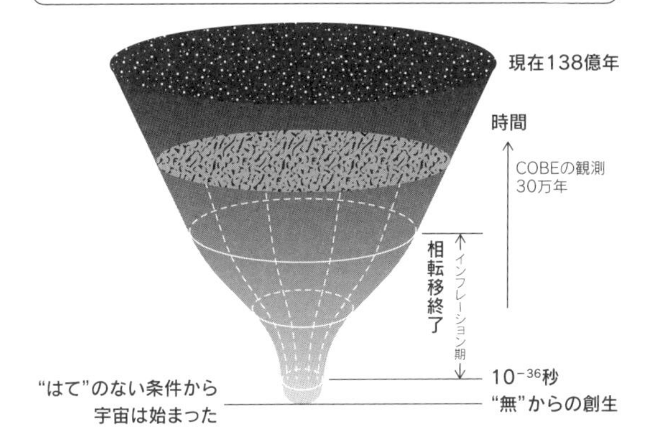


されました。これは日本の佐藤勝彦さんが1981 年に「指数関数的膨張」と名付け、同年、アメリカのアラン・グースが「**インフレーション膨張**」と名付けたものです。他にも、アレクセイ・スタロビンスキー、デモセネス・カザナス、アンドレイ・リンデも、この頃に重要な貢献をしてきました。

上記の①〜④の問題について、その表現は正確ではなかったのですが、すべてインフレーション宇宙を考えることで、解決されています。そのことについては、次項以降で順に説明するとして、ここでは「**インフレーション宇宙**」とはどのような宇宙なのか、それを先に見ておくことにしましょう。

## ●「光より速い膨張」は相対性理論に反しないのか？

インフレーション膨張は、その後のビッグバンの膨張期に比べ

ると、はるかに爆発的なものでした。「インフレーション」と「ビッグバン」という言葉のイメージからすると、ビッグバンのほうが激しい膨張に聞こえます。しかし、事実はまったく逆です。

インフレーション膨張は宇宙誕生後、大統一理論のスケールのインフレーションモデルなら最初の$10^{-36}$秒後あたりにあったとされます。ホンのわずかな時間ですが、そのわずかな間に宇宙は$10^{23}$倍以上も大きくなったと考えられています。驚くべき速さの指数関数的な膨張なのです。

$10^{-36}$秒間に$10^{23}$倍に大きくなるというのは、仮に宇宙の大きさが1cmのビー玉ぐらいであったとすると、その一瞬の間に我々の銀河以上の大きさになるほどの激しい膨張です。我々の銀河の直径は10万光年ですから、光でさえ10万年かかる大きさに1秒よりはるかに短い間に膨張したということです。

ここで当然、大きな疑問が湧くはずです。アインシュタインの

**⊕ 4-2-2 インフレーション膨張に比べると、その後のビッグバン膨張は穏やか**

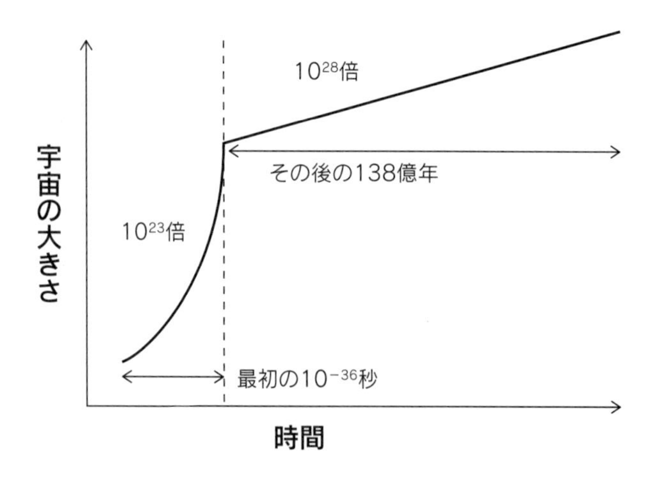

相対性理論によって、「光速より速いものは、この世に存在しないはずではなかったのか」、と。

その通りです。しかし、そこには解釈の誤りがあります。たしかに、光速より速い「もの」は存在しません。ここでいう「もの」とは、素粒子を指し、光子をのぞいて素粒子にはすべて「質量」があります。質量がある以上、それは光速を超えることはできません。

しかし、インフレーション膨張の時期には、容れ物である空間が、大きなスケールでみると光速よりも速く広がっていたということなのです。このことは、相対性理論に何も抵触しません。

## ●スローロール・インフレーションモデル

最初に提案されたインフレーションモデルでは、高いポテンシャルエネルギー（エネルギー密度）をもつ真空から低いポテンシャルエネルギーの真空（エネルギー０と仮定）に相転移するときに、宇宙がその真空同士のエネルギーの差、つまりポテンシャルエネルギーの差を感じて、空間が倍々ゲームの急膨張を遂げるというものでした。このモデルは「**オールド・インフレーション**」と呼ばれています。

最近では、「**インフラトン場**」と名付けられた、未発見のスカラー場のポテンシャルエネルギーのかさ上げによって、インフレーションが引き起こされるモデルが、観測などにより、より現実の宇宙を表わしていると信じられています。そのスカラー場の場の値は、真空のようにずっと留まっているのではなく、ポテンシャルの上をゆっくりと転がっているならばよいとするのです。インフレーションが起こる時間のスケールより、ずっとゆっくりの

⊕ 4-2-3 ポテンシャルエネルギーの概略図

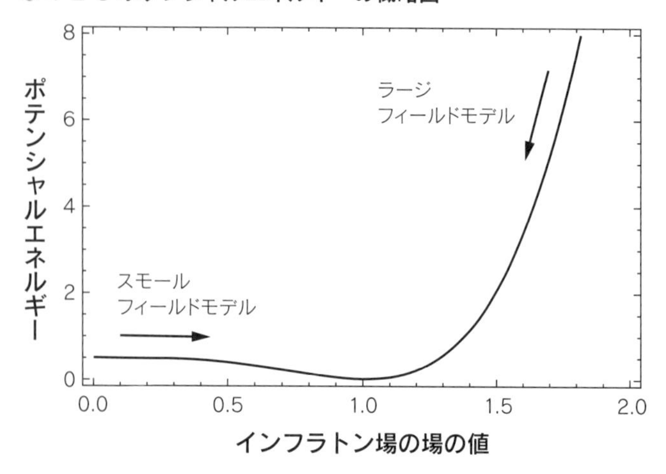


インフラトン場の場の値（横軸）が真空になくても、ゆっくり転がっていれば、その場所のポテンシャルエネルギーは、真空よりももち上がっていて、あたかも宇宙定数かのように働いて加速膨張を引き起こす。右から始まるものはラージフィールドモデルと呼ばれる。（磯、郡、嶼田（2015）より作成）

時間で転がっているならば、それはあたかも止まっていることと、ほぼ同じなのです。

ポテンシャルエネルギーがほとんど変化しないため、そのポテンシャルエネルギーは、あたかも宇宙定数のように振る舞います。このモデルを「**スローロール・インフレーションモデル**」といいます。

このポテンシャルエネルギーのかさ上げにより加速膨張が起こるという考えは、エネルギースケールと宇宙年齢こそ違いますが、アインシュタイン方程式に宇宙定数を入れたときに加速膨張するというダークエネルギーのときとまったく同じ振る舞いです。

インフレーション時には、ミリ電子ボルト（meV）の4乗の宇宙定数$(\mathrm{meV})^4$ではなく、おそらく大統一理論のスケールである$10^{15}$～$10^{16}$ギガ電子ボルト（GeV）の4乗という、凄まじいエネルギーの宇宙定数（$10^{16}$GeV）$^4$が寄与したに違いないと予想されています。

宇宙背景放射の観測からは、インフラトン場のポテンシャルエネルギーは、この約$10^{16}$ギガ電子ボルトの4乗より小さければ、矛盾しないという結果が得られています。

## ●インフレーションはビッグバン以上の高温だった？

もう一つ、よくある誤解をご紹介しましょう。それは「ビッグバンは超高温の『火の玉宇宙』といわれていたから、インフレーション膨張の時期はもっと高温だったに違いない」というものです。

じつは、通常のインフレーションモデルにおいて、インフレーション中の加速膨張の時代は、熱くも寒くもありません。たしかに膨大なエネルギーはあったけれども、インフレーション宇宙では中身の「粒子（物質）」が存在しないほどに薄まるため、温度そのものがなかったのです。

温度というのは、簡単にいうと「粒子がぶつかってくる頻度」のことです。「きょうは温度が高いなぁ」というのは、空気の分子が人間の体にガンガンとぶつかってくる状態で、より大きな運動エネルギーをもった「粒子」がぶつかってくると温度が高くなります。正確にはそうした衝突によるエネルギーのやりとりが平衡に達したときに温度が定義され、より高い温度になることになります。

ところが、インフレーション膨張の途中では、膨張が速すぎます。仮にインフレーション前に素粒子のような粒子が生まれていて、ある温度をもっていたとしても、その数はすぐに薄まってしまうことになります。すると、「粒子が衝突できない」のです。言い換えると、「温度が定義できなくなる」ということです。よって、熱くないという解釈*になります。

*一部、温かいインフレーションモデルという、温度をもった特殊なインフレーションモデルも存在します。

## ●振動エネルギーが火の玉エネルギーに変わる

インフレーションは、あるきっかけによって終わります。上記の現代的な**スローロール・インフレーションモデル**では、インフラトン場の運動で、スローロールが終わって場の値が速く転がってしまうと、インフレーションは終わります。

それというのも、速く転がると、十分なインフレーションを起こさないまま、ポテンシャルエネルギーがゼロである、真の真空に行ってしまうからです。

一度、速く転がると、そのまま真空に留まるわけではありません。その勢いがありますから、インフラトン場は、真空の周りに振動をはじめます。スローロール・インフレーションは、このように振動期を迎えることで、終了すると考えられています。振動エネルギーが支配した宇宙は、通常の物質が支配する宇宙や、放射が支配した宇宙と同様に、減速膨張を引き起こします。

この振動期も、永遠的には続きません。インフラトン場が、その寿命を迎え、崩壊し、その振動エネルギーを火の玉のエネルギーに変える時がやってきます。この場合は、宇宙は放射により熱化され、温度が生まれたといってよい状態です。その最高の温度は、高くても大統一理論のエネルギースケールぐらいだろうと考えられています。それより温度が高い宇宙は、インフレーションの後では観測的に否定されています。

## ●何をビッグバンと呼ぶのか？

「火の玉」とは、光のエネルギーが満ち満ちた状態のことで、光さえも激しく散乱して出てくることができない、太陽内部のような状態です。太陽の表面からは光は出て来られるので、太陽は丸く見えるのですが、初期宇宙の火の玉は「宇宙全体が火の玉」で、状況は違います。

また、火の玉といっても、質量の軽い素粒子が熱平衡を保ちながら満ち満ちているという意味で、輻射優勢の宇宙、もしくは放射優勢の宇宙と呼ばれます。ホイルが揶揄したとされる、宇宙の大爆発（ビッグバン）は、現代風に解釈すると、このことを指すのかもしれません。今日では、この現象は**再加熱**と呼ばれます。

宇宙で初めての加熱なのに、「再」がつくのは不思議に感じますね。これは、インフレーションの前にも、放射優勢の時期があったかもしれないので、その可能性も含めて、再加熱と呼ぶという慣例なのです。

また、これまでの説明から、「ビッグバン」という言葉は決して宇宙のはじまりを意味する言葉ではないこともわかります。研究者によっても、何をビッグバンと呼ぶかについて、見解が分かれています。

これは単純に慣例の問題です。再加熱の瞬間をビッグバンと呼ぶという研究者もいます。一方、インフレーションが終わり、インフラトン場の振動期を迎えると、ビッグバン宇宙モデルに従います。もちろん、再加熱後の放射優勢宇宙でも、また、物質が優勢となった時期（物質優勢宇宙）でも、ビッグバン宇宙モデルに従います。

そのため、ビッグバン、つまりビッグバン宇宙とはある瞬間のことを指しているのではなく、フリードマン方程式に従う「減速膨張宇宙の時期の総称」を意味するという立場です。私の使い方は、この後者です。

## ●温度ゆらぎの発見

ところで、空間が膨張すると、再加熱時に灼熱の火の玉だった宇宙も、宇宙の大きさに反比例して、温度が急激に下がっていきます。

このようなインフレーション膨張の証拠としては、**宇宙背景放射**（**CMB**）に現れる、「スケール不変な温度ゆらぎ」の発見が第一にあげられます。スケール不変なゆらぎとは、どの長さのスケールで宇宙を見ても、宇宙初期から存在するゆらぎの強さが同じだという意味です。

⊕ 4-2-5 CMB の温度ゆらぎを最初に確認した COBE 衛星
（出所：NASA）

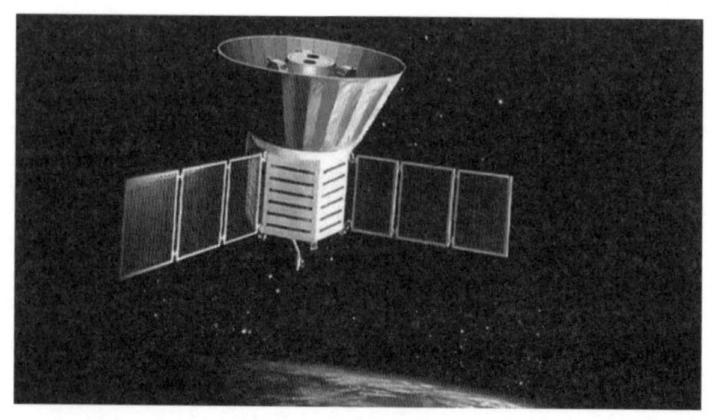

インフレーション中につくられた量子ゆらぎが引き伸ばされ、古典的な密度ゆらぎとなり、それが元となりこの10万分の1の温度ゆらぎをつくることが、理論的には知られていました。実験的に1992年にはアメリカのCOBE（コービー）衛星が、非常に大きなスケールでの温度ゆらぎの発見を報告しています。

このゆらぎが起源で引き起こされる、光の偏光パターンの発見もインフレーションモデルを強固に支持しています。2001年に地上実験のDASI実験、2002年のアメリカのWMAP（ダブリュマップ）衛星、2011年のKEKが参加したQUIET実験、2013年のヨーロッパのPlanck（プランク）衛星により発表されています。

# 3 宇宙の地平線問題

## ●地平線（ホライズン）問題を考える

さて、インフレーションの加速膨張のイメージは理解できたとして、なぜ、宇宙誕生とビッグバン宇宙との間に「インフレーション」がなければいけないのか。先ほどあげた4つを再掲してみました。これらをインフレーションはどう解決するのか。

**①地平線（ホライズン）問題**

ようやく見え始めた138億光年先の宇宙背景放射がどの方向からも同じ3Kというのは、因果律に矛盾するのではないか？

**②宇宙に端はあるのか？**

宇宙の形も地球の表面のように丸まっているのか？

**③銀河の種はどのようにして生まれたのか？**

宇宙背景放射（CMB）の温度ゆらぎをどのようにつくるのか？

**④モノポール**

大統一理論の相転移のときにつくられたとされるモノポールが多すぎるはずだが、発見されていないのはなぜか？

まず①の「**地平線問題**」を考えてみましょう。

宇宙は、再加熱時には少なくとも100億度以上といった超高温

⊕ 4-3-1 宇宙には「端」があるのか？——ホライズン問題

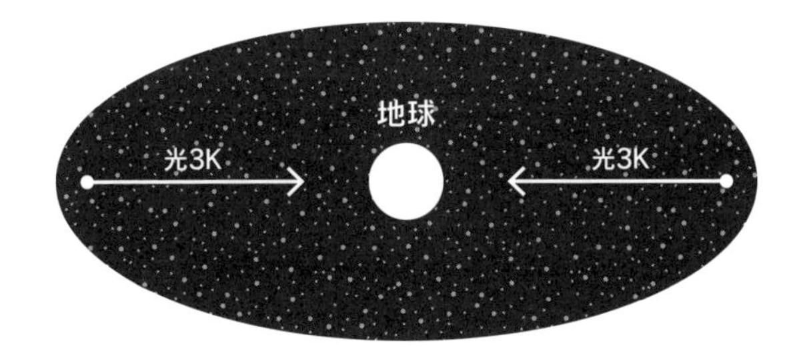


だったとされていますが、現在は太陽のような恒星の周りでもない限り、きわめて低い平均温度に下がっています。

宇宙の平均温度を探るためには、宇宙背景放射（CMB）として飛び回っている電波を観測します。この電波は、かつて宇宙が熱平衡の火の玉であったときの名残りです。そのため、エネルギースペクトルは**プランク分布**といって、ピークをもつ山のような形です。そのピークの振動数に相当するエネルギーが約「3K（−270℃）」であることがわかっています。アメリカのペンジャスとウィルソンが見つけたのも、この電波でした。

## ●なぜ、どの方向からも？

ここで、ちょっと考えると不思議なことがあるのに気づきます。宇宙のどの方向（宇宙の別方向の端と端）から来る光を観測しても、その温度は3Kなのです。ようやく今の宇宙年齢で見えてきた宇宙の端と端というのは、過去に相互作用をしたことがなく、何の因果関係もないはずです。それなのに、温度（電波）を計測するとなぜか、同じ約3Kです。これをどう考えればいいのでしょうか？

解釈としては、次のように考えることができます。

まず、宇宙のごくごく初期段階（$10^{-36}$秒後ぐらい）において、極小な粒のような領域が、光速よりも速く膨張して、その当時の地平線（ホライズン）をずっと超えて膨張した。そのことで、極小粒のときは因果律があって均一の温度になる初期条件を備えていた領域が、地平線を越えて満遍なく行き渡った。その結果、138億年かけて、やっと今届いたばかりの光であっても、全部、同じ温度の領域として計測される――というものです。

こう考えないと、現在の宇宙背景放射（CMB の温度＝ 3K）が宇宙のどこもかしこも同じ温度である、という説明がつきません。これこそ、宇宙初期に光速よりも速く空間が広がった加速膨張を予言するインフレーション膨張のメカニズムを必要とする理由の一つなのです。

# 4 宇宙に端はあるのか？

２番目の「宇宙に端はあるのか？」という疑問にはどう答えればいいでしょうか。少し高尚な言い方をすると、「宇宙は幾何学的にどうなっているのか？」という疑問です。

## ●ペレルマンの考え方は？

例えば、地球の表面で考えると、高い場所から海を眺めれば水平線は曲がって見えますね。地球が丸い球で、有限の大きさである証拠です。

そこで、宇宙も地球と同様に丸まった形をしているのか否かという問いかけになります。

少し横道にそれますが、大域的な位相（グローバル・トポロジー）について、ロシアの数学者のグレゴリー・ペレルマン（1966 〜）が、「宇宙は球型か、ドーナツ型か（穴があいているか）」をチェックするアイデアを提示しています。そのアイデアとは次のようなものです。

「宇宙をロープで縛ってみなさい。どんな経路をとっても、ロープが縛られずに１点に縮まるなら、それは球の表面と同じです。もし、１点に縮まらないならば、球ではありません」

⊕ 4-4-1 ペレルマンによる「地球の形」の推測法

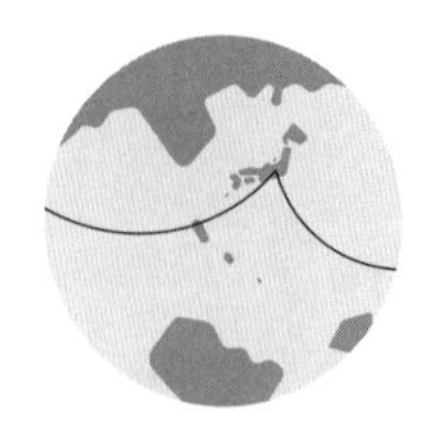
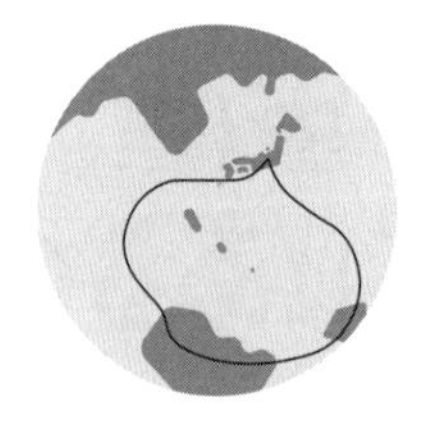
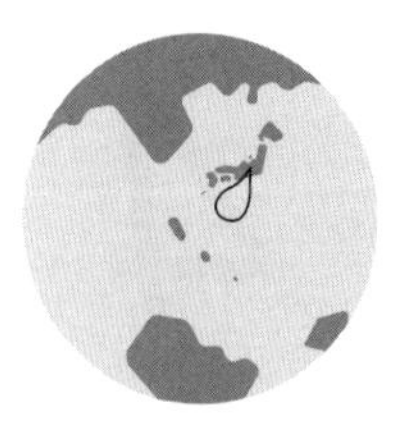

ペレルマン――横浜港の岸壁にロープの片方を結びつけ、船が長いロープをたらしながら地球を1周する。このロープをたぐり寄せられれば……地球は「球」。できなければ「球ではない」と判断できる。

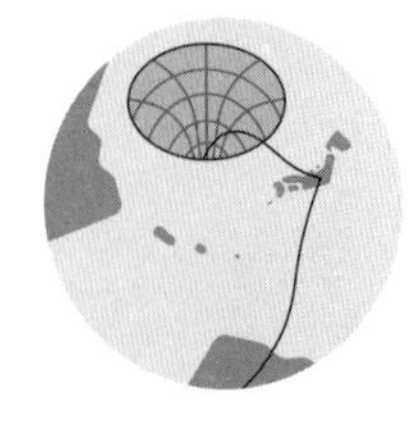
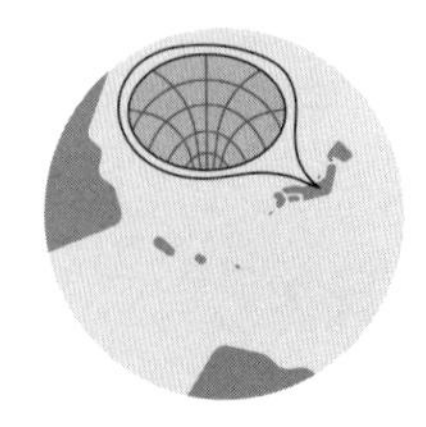

例えば、地球に空洞があったとき（ドーナツ型）、ロープがひっかかって回収できない。よって、「球ではない」とわかる。

地球の表面で考えるとイメージしやすいでしょう。最初の図は地球が「球」の場合です。いま長いロープの片端を横浜港の岸壁につなぎ、もう片方のロープの端を海に垂らしながら出発した船があり、地球を一周してきたとします。このロープを手繰り寄せた時、みごとに回収できれば「地球は球だ」といえる、としたわけです。

次に、穴が1つあいたドーナツ型の場合は、同じようにしてもロープは回収できません。そこで、これは「球ではなく、少なくとも穴の開いたドーナツ型だ」とわかるとペレルマンは提案しました。球とドーナツでは、あきらかにグローバルなトポロジーが違うからです。

## ●ロープを宇宙から回収できるか？

これを宇宙にあてはめてみると、宇宙船が宇宙を１周して地球に帰還したとき、そのロープをたぐり寄せられれば「宇宙は球だ」といえる、ということです。しかし、もし、ロープがどこかに引っかかれば、宇宙は球ではなく、ドーナツ型など穴のあいた形であると判定できる、としました。

ペレルマンは数学界最高の栄誉であるフィールズ賞の受賞を拒否したことでも知られています。彼の仕事を解釈すると、

「宇宙の形は変わることはない。もし宇宙が３次元の球であれば、途中でドーナツ型に変わることはない。そして、宇宙がもしドーナツ型だったとしても、少なくとも直径 780 億光年*（24G パーセク、１パーセク＝ 3.26 光年）以内であれば、少なくともその内側は１つの球だ」ということです。

＊直径 780 億光年 … この数字は、コーニッシュ、スパーゲル、スタークマン、小松英一朗により 2004 年に報告された、「もし宇宙がコンパクトだったら？」という仮定をしたときの、観測から許される最低の宇宙の大きさです。

## ●球なら大きな宇宙、ドーナツなら小さな繰り返し宇宙

これは宇宙の幾何学の話です。宇宙は小さな球なのか大きい球なのか、3 次元で無限に続く宇宙なのか、パラボラみたいに広がっている宇宙なのか……、という意味です。

もし、宇宙が球型であれば「１つの大きな宇宙」を意味し、もしドーナツ型であれば、「小さな繰り返し宇宙」を意味します。

全体が大きな球である宇宙と、小さい宇宙が繰り返されているのとは、明らかに違います。ペレルマンは3次元の球面かドーナツ型かは、ロープをたぐりよせることで判別できるとしました。

もし宇宙が小さければ、小さい証拠があるはずです。最初は小さな宇宙であったとしても、インフレーション膨張による指数関数的な急激な拡張があり、それによって、宇宙の曲率項が小さくなり、幾何学的に真っ平らになったとすれば、この問題も解決します。

試しに、風船を膨らませるときのことを思い出してください。最初は小さく丸まっている風船、つまり小さな宇宙で、表面が曲がっているのもよく見えます。しかし、どんどん風船を膨らませると（インフレーション膨張）、風船は膨張して、表面の曲がり具合、つまり曲率は判別しにくくなり、あたかも平坦に近くなるのと似たような感じなのです。

そこで宇宙背景放射（CMB）の観測による「温度ゆらぎ」のデータに「繰り返しパターン」があるかどうかを解析したところ、「繰り返しはない」と判明しました。その上限が780億光年（24Gパーセク、1パーセク＝3.26光年）で、少なくとも780億光年の内側には、繰り返し構造はありませんでした。つまり、宇宙の大きさは780億光年よりも大きいのです。

なお、この地平線問題からさらに考えを発展させると、マルチバースという宇宙を考えることもできます。

Coffee Break

## ユニバースとマルチバース

インフレーション膨張の観点に立つと、宇宙はどこもかしこも、インフレーション膨張を起こす条件さえ整えば、それらはすべて別々の「宇宙」をつくる可能性がある、ということです。

この概念は「1つの宇宙（ユニバース）」ではなく、たくさんの宇宙という意味で「**マルチバース**」と呼ばれています。

どこでもインフレーションの条件さえ整えば、その場所で宇宙がポコっと生まれ、それぞれがそれなりの体積を占める宇宙が誕生する、という考えです。

泡一つひとつが宇宙です。違う宇宙では、物理法則や次元が異なる可能性もある――私たちの宇宙は、それらの1つにすぎないのかもしれません。このような考え方の最初のアイデアは、1982年に佐藤、小玉、佐々木、前田によって提案されています。

⊕ 4-4-2 いくつも同時に宇宙が生まれたとする「マルチバース」宇宙の考え

# 5 銀河の種は何がつくったのか？

３つめの問題は、銀河をつくるための「種」はどうやってつくるのか、という点です。宇宙の初期の頃につくられた密度のわずかなムラ（ゆらぎ）が他の物質を引き寄せ、それが最終的に「銀河」にまで成長するわけですが、それらの「種」をビッグバン理論でつくれる、と説明するのには無理がありました。統計的にゆらいだりしているのではなさそうで、種をつくるメカニズムはビッグバン理論にはないのです。「ゆらぎ」がビッグバン宇宙で生まれたのではないとしたら、では、何が銀河の種を蒔いたのか？

## ●「10万分の1のゆらぎ」のふしぎ

宇宙背景放射（CMB）の温度は「どこも3Kだ」と述べましたが、実は10万分の１の温度差、濃淡が知られています。すでに述べたように、アメリカのCOBE（コービー）、WMAP（ダブリュマップ）、さらにはヨーロッパのPlanck（プランク）衛星が正確に「約10万分の１のゆらぎ」をとらえています。

ゆらいでいる、と表現してもいいのですが、そのわずかな温度のムラをつくったのは何が原因なのか？

次の図を見てください。縦軸はインフラトン場というインフ

⊕ 4-5-1 インフレーションが「ゆらぎ」をつくる

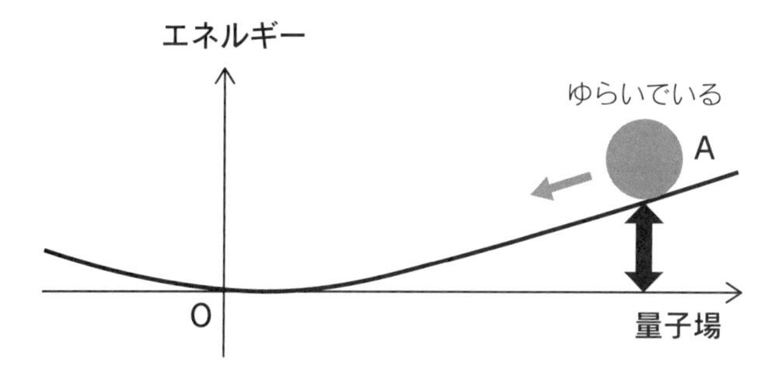


レーションを引き起こす量子場のポテンシャルエネルギー（エネルギー密度）です。横軸はインフラトン場の場の値を表わします。いま、インフラトン場の場の値（円A）が右から原点Oの真空のほうへ落ちていき、最終的には原点Oに場の値が来るという状況を考えます。エネルギーは水と氷の関係と同様、放っておくとエネルギーの低い状態のほうに流れるからです。

この場合、原点でのエネルギーは、ほぼ0と考えてよいでしょう。実際には、ほんの少しもち上がっているのではないかとも考えられています（少なくともダークネエルギーの（2meV)$^4$分だけ)。インフラトン場は量子場ですので、その場の値は、場の値の周りにゆらいでいます。

これは「**量子ゆらぎ**」というものです。インフレーション膨張が始まったときの場の値は、理論的には予想不可能です。しかし、量子力学の不確定性原理により、宇宙年齢が短いときには大きなエネルギー状態をとることができます。その場合、場の値は原点Oではなく、図のAのような値をとる可能性があります。そうすると、ポテンシャルエネルギーの上で、矢印（かさ上げ）の部分のエネルギー密度があることになります。

ポテンシャルは十分に平らだと予想されていて、宇宙年齢が短い間には、すぐには転がりません。そうすると、そのポテンシャルエネルギーのかさ上げは、宇宙定数のように振る舞うのです。

そこで、そうした宇宙では、加速的膨張である「インフレーション膨張」が起こります。現在のダークエネルギーと同じですね。違うのは、ポテンシャルエネルギーの値も、場のゆらぎの大きさもずっと大きいと予想されていることです。

### ●場所ごとに異なる「場のゆらぎ」がムラをつくった

ところで、場のゆらぎが「場所ごとに違う」という空間依存性があると、それぞれの場所で、インフレーション膨張の開始時刻と終了時刻が変わります。すると、場所ごとに膨張度合いも変化し、インフレーション膨張が終わったあとで比べると、場所ごとに「ムラ」ができるのです。

このメカニズムにより、宇宙背景放射の温度の10万分の1の温度ゆらぎがつくられたと考えられています。

量子ゆらぎのせいで、インフレーション膨張の続いた時間が場所ごとに少しずつ違い、それが「**曲率ゆらぎ**」と呼ばれる微妙な広がり方の違いを生んでいるのです。

後の宇宙で、その曲率ゆらぎが元となり、ダークマターの密度ゆらぎになりました。その密度ゆらぎが温度ゆらぎ（10万分の1の大きさの温度ゆらぎ）を生み、宇宙背景放射（CMB）の温度ゆらぎとして観測されたのです。その密度ゆらぎが種となり、その濃い部分に通常の物質とダークマターが落ちていき、銀河と銀河のダークマターハローをつくりだしたというわけです。

次の図がPlanck衛星による、温度ゆらぎの全天観測の画像で

⊕ 4-5-2 Planck 衛星による宇宙背景放射の 1/10 万のゆらぎ
口絵（⊕ 3-3-3）（出所：ESA）

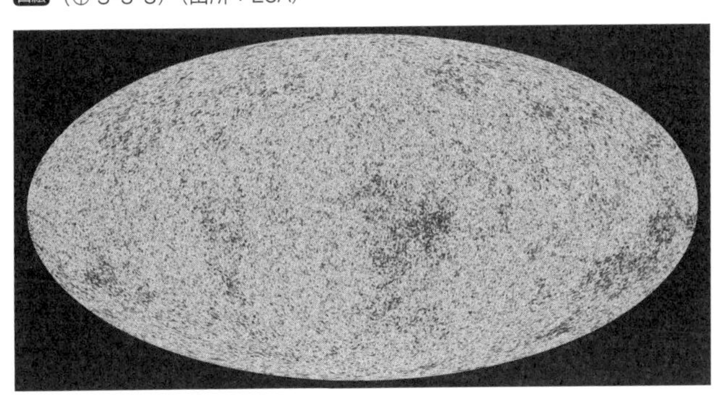

す。全天をスキャンし、光で見た場合の「宇宙の果て」を地球の地図のように表わしています（モルワイデ図法）。

## ●モノポール問題も解決

もう一つ、力の統一理論に起因したことです。後にも述べますが、電磁気力、弱い力、強い力はエネルギースケールが$10^{15}$GeV ～ $10^{16}$GeVになると統一されることが予想されています。これより高いエネルギーでは、大統一の対称性というものにより、それら３つの力が同じように見えるという意味で、統一されると呼びます。

この「**大統一理論**」は**GUT**（grand unification theory、またはgrand unified theory）とも呼ばれます。宇宙膨張とともに、宇宙のエネルギーがどんどん下がってくると、その大統一の対称の相から、対称が破れた相に移ります。そして、強い力とそれ以外（電磁気力＋弱い力）に分かれるのです。これを**GUT 相転移**と呼びます。

後に、温度が下がってくると（100GeV）、電磁気力と弱い力は分かれて、今の宇宙に至ります。GUT 相転移のときには、**モノポール**（磁気単極子）が位相欠陥として大量に残されることが知られています。このモノポールが多すぎるせいで、宇宙がすぐに収縮宇宙に転じてしまい、宇宙が長生きできないという問題が知られています。これが4つめの問題であった「**モノポール問題**」です。

実は、インフレーション膨張が起こると、インフレーション後の再加熱によって、大量の光子がつくられるため、相対的にモノポールを薄めてくれることが知られています。これは佐藤勝彦さんによって発表されたアイデアで、インフレーション膨張を起こすことでモノポール問題は解決されるのです。

## ●直接的な検証法はただ1つ――重力波を探せ！

上記のことがインフレーション膨張を必要とする、理論的な背景です。ただ、理論的に必要だと示されたとしても、それが現実の宇宙で本当に起きたかどうかは別問題です。そこで、インフレーション膨張による加速膨張が本当にあったのかどうか、それを検証しようという観測が進められています。

まず、温度のゆらぎを全天で正確に測ることで、大スケールでスケール不変なゆらぎを検証することができます。「スケール不変」とは、どの大きさで見た時もゆらぎの強さは同じという意味です。COBE 衛星が行なったことは、まさにこの検証でした。

次に、密度ゆらぎが起源となって、光の偏光がつくられます。WMAP 衛星により、E- モード偏光と温度ゆらぎの相関が測定されました。E- モード偏光とは、密度ゆらぎがあるときに、空間の各点で赤方偏移が異なるために生じる放射状の偏光パターンのことです。

さらに、Planck 衛星によりE- モード偏光自身の相関が驚くべき精度で測定されました。大まかに言ってインフレーション膨張以外に、このE- モード偏光を一つのモデルでつくるものはほとんどないことから、インフレーション膨張が起きたことは、ほぼ確実視されています。

決定的な検証方法としては、もう一つの偏光パターンである、B- モード偏光をとらえることです。宇宙が小さかったときにインフレーション膨張のような急膨張があると、時空がゆらぎます。その結果として、時空のさざ波である「**重力波**」がつくられます。**テンソルゆらぎ**とも呼ばれます。この重力波を見つけられれば、インフレーションの直接の検証になります。

重力波には特徴的な振動パターンがあり、そのせいで光子が赤方偏移の影響を受けます。そのとき、偏光のパターンが渦巻き状になるものがあり、これがB- モード偏光と呼ばれ、テンソルゆらぎの証拠となります。さらに、このテンソルゆらぎはインフレーションのエネルギースケールの情報をもっているため、B- モード偏光が検出されれば、どのエネルギースケールのインフレーションが起こったかを決定することができます。インフレーションの究極的な検証実験と呼べるでしょう。

このため、世界中で重力波の発見競争が繰り広げられています。インフレーション起源の重力波が見つかれば、重力の量子性を見つけることになります。B- モードを見つけるため、日本でもKEK（高エネルギー加速器研究機構）で多数の将来実験が計画されています。

Coffee Break

## インフレーション膨張のエネルギーはどこから来た？

ポコっと小さく生まれた宇宙。そこからなぜ、インフレーション膨張という加速膨張を引き起こすような巨大なポテンシャルエネルギーが生まれたのでしょうか。

実は、この宇宙の最初に0から正のエネルギーをどうやってつくれるのかということは、まったく解決していない謎なのです。インフレーション膨張自体、一見、エネルギー保存の法則に抵触しているように思えます。

しかし、一度インフレーション膨張が起きるような状況が生じれば、インフレーション膨張を含む、宇宙定数のあるフリードマン宇宙モデル自体は、熱力学第一法則を満たしながら、断熱膨張をしているという描像の下、無矛盾であることが知られています。膨張するにつれ、宇宙の内部エネルギーが増えているというたいへん不思議な状況ですが、物理学には矛盾しません。

解決しているわけではないのですが、量子力学の世界では「エネルギー保存を破る」ことは一瞬なら許されます。量子力学には、「不確定性関係」という関係式があります。よく知られているのは、長さ（$x$）をどこまで小さくしながら、運動量（$p$）をどこまで小さくできるのかという問題で、どちらも共には0にはできません。どちらかは必ず有限で、掛けると1より大きくならないといけないのです。

$$\Delta x_{（大きさ）} \times \Delta p_{（運動量）} > 1$$

同じように不確定性関係でいうと、エネルギーの幅と時間の幅に対して、次のような関係にあります。どちらも共に0にはできず、どちらかは有限です。掛けると1より大きくならないといけないのも同じです。

$$\Delta E \times \Delta t > 1$$

これにもとづくと、ゼロからエネルギーをつくるなら、時間間隔を短くすれば巨大なエネルギーを生むことは、一瞬なら可能かもしれないことを示唆しています。

$$\Delta E \times \Delta t > 1 \quad \rightarrow \quad \Delta E > \frac{1}{\Delta t}$$

この式の意味は、「時間間隔が短ければ、エネルギー保存を破ってでも、エネルギーをポコっとつくってもいい」——ということです。

宇宙初期の、時間が非常に短いときにエネルギー0から$\Delta E$という「量子力学的なゆらぎ」によるエネルギーがつくられたのではないか? 量子力学的ゆらぎを感じて宇宙は膨張したのではないか? という解釈です。

しかし、一瞬の間、それが起こることは許されますが、それが永続的に起こることは保証されていません。

これまでも、なんらかの対称性の破れにより、正のエネルギーが無から生まれたのではなかろうかという研究が盛んに行なわれてきました。しかし、未だ宇宙初期に正のエネルギーを生み出すプロセスについてはわかっていないのです。

# 6 第2のインフレーション

## ●光と物質の密度は逆転した？

さて、現在の宇宙ではダークエネルギーが約70％という突出したエネルギー支配を誇っています。しかし、他の成分として、通常の物質（約5％）、ダークマター（約25％）、放射（約0.01％）などがあります。放射は輻射とも呼ばれ、光とニュートリノのことを指します。実は、それらは過去、現在、未来で、宇宙の全エネルギーに占める割合の関係が変わっているのです。

例えば、宇宙の大きさが半分だった過去を考えてみます。光の波長は半分になるため、宇宙の温度は現在の２倍（約6K）です。

同様に考えると、物質やダークマターのエネルギー密度はどう

⊕ 4-6-1 物質とダークマター——物質のエネルギー密度は８倍

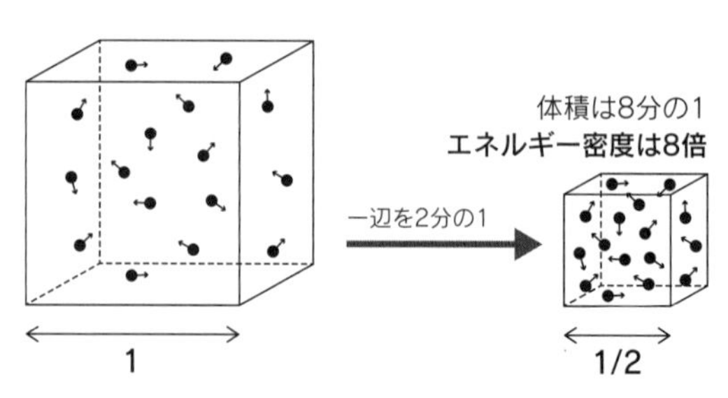

変わるでしょうか。いま、1辺を半分にしたとき、3次元なので物質やダークマターの密度は$2^3$＝8倍に圧縮されることになります。質量は変わりませんから、個々のエネルギーは変わりません。つまり、エネルギー密度は8倍になることになります。これが物質やダークマターの性質です。

光の場合は違います。上記でも触れましたが、宇宙の大きさが半分になると波長が半分になるため、個々のエネルギーは2倍になります。そのため、光のエネルギー密度は8倍ではなく、さらに2倍した16倍になるのです。

⊕ **4-6-2 光とニュートリノ――光のエネルギーは16倍**

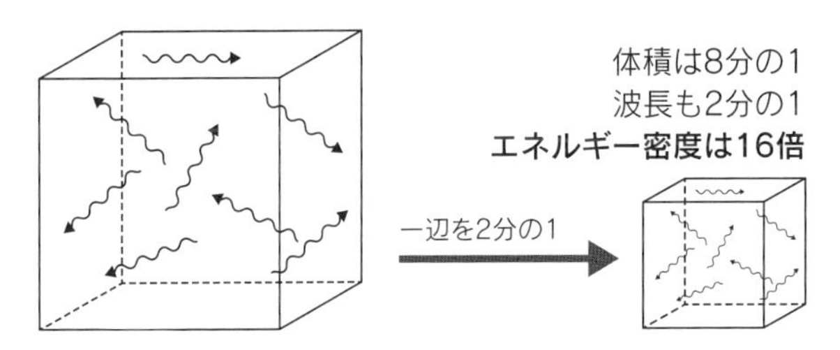


1つの光子のエネルギーは波長に反比例

なぜ、急に光の話が出てくるのかというと、宇宙の過去と未来のエネルギー密度の推移を相対的に推測できるからです。現在の物質（通常の物質＋ダークマター）と放射（光＋ニュートリノ）はだいたい3000：1のエネルギー比であることが、観測からわかっています。

宇宙が現在の半分になると、先ほどの計算から

物質……………………………8倍のエネルギー密度

放射……………………………16倍のエネルギー密度

となりました。

放射と物質のエネルギーでは、進化の仕方が違うことがわかります。このような知識があると、宇宙初期に戻っていくと、宇宙が何によって満たされているのかが、わかってくるのです。

次のグラフを見てください。横軸は時間をとっていて、過去から現在、そして未来に続いています。現在は点線のところにあり、宇宙の温度は3K（－270℃）です。

放射は、過去に向かうと急激に大きくなるのに対し、物質やダークマターのほうは増大する傾斜がゆるく、半分になっても8倍にしかなりません。

現在の宇宙では、物質は放射より多くても（約3000倍）、過去に遡っていくと放射が物質を逆転する時があり（Matter-

⊕ 4-6-3 ダークエネルギー、ダークマター、物質の量の変化

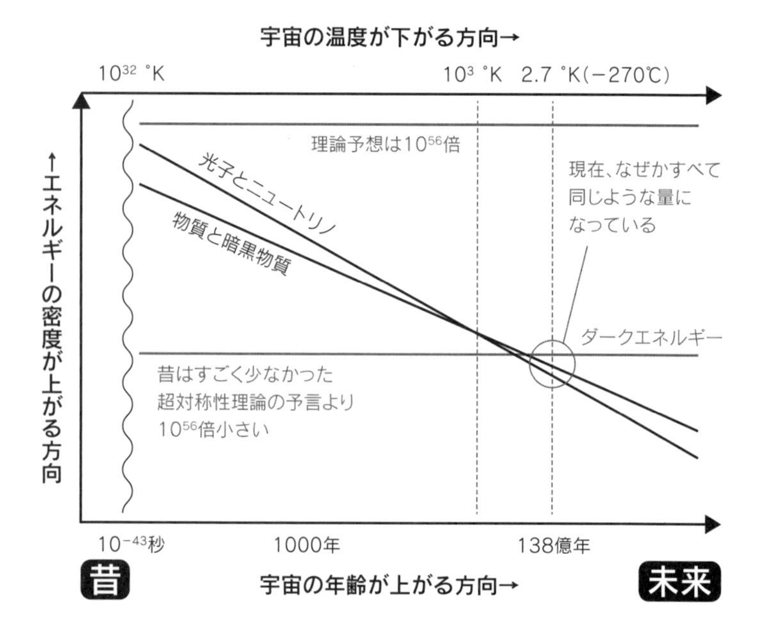

Radiation Equality)、それよりも過去になると、放射のエネルギー密度のほうが圧倒的に大きいことがわかります。この逆転は、温度が約1eV(約1万度)で、宇宙年齢が約8万年あたりの頃に起こります。

## ●宇宙定数があまりに小さすぎる？

ところが、ダークエネルギーは「宇宙定数」(エネルギー密度は定数)と呼ばれるように「定数」のように振る舞うことが、これまでの観測により知られています。

現在は全エネルギー量の70％という大きな割合を占めていますが、もしこれが定数であったとすると、宇宙初期まで遡れば、ものすごく小さい量であると予想されます(前ページグラフの横にのびた線)。このときの温度が1000兆度(100GeV)ぐらいで、光の放射のエネルギー密度は、温度の4乗ぐらいなので、$(1000兆度)^4$となります。GeVで表示すれば$(100\mathrm{GeV})^4$となります。

これと比較して、実際に観測されたダークエネルギーのエネルギー密度は$(2\mathrm{meV})^4$にすぎず、

$$(100\mathrm{GeV})^4 : (2\mathrm{meV})^4 = 10^{56} : 1$$

と、実に10の56乗も小さいのです。

もう一つ、理論値があります。それは後で述べる「超対称性理論」という考え方からすると、上記の$(100\mathrm{GeV})^4$という大きさは、超対称性理論の下限を表わしています。つまり、超対称性が予言する、典型的な宇宙定数の値は、少なくとも約$(100\mathrm{GeV})^4$なのです。この巨大な宇宙定数が本当だったら、宇宙はこの時期からインフレーション膨張を始めてしまい、急激な膨張により、銀河や銀河団などの大規模構造がつくられなかったでしょう。当

然、人間も生まれてきていません。

逆にいうと、ダークネエルギーが本当に定数だったならば、少なくともこの時期から、$(2\mathrm{meV})^4$という、とてつもなく小さな宇宙定数を生み出し、そのまま定数として現在まで残るメカニズムが必要なのです。現代の物理学では、この小さな定数を説明する理論はなく、ダークエネルギーを包含する新しい理論の登場が待たされています。

加えて、ダークマターのエネルギー密度について、温度が100GeVの時期にも存在していたとしたら、放射のエネルギー密度より、$10^{-11}$も小さいことが計算によりわかります。もしくは、多くの理論では、温度が100GeVの時期には、ダークマターの量はまだ決定されていません。

## ●恐ろしき「偶然の一致」？

このように、宇宙初期にはそれぞれの量は桁違いの数字だったのに、138億年たった現在、「なぜかちょうど、三者ともすべてが同じような値」になっているのです。「70%、30%、0.01%で同じか？」と思うかも知れませんが、宇宙初期の乖離からすれば、驚くほど近い数なのです。これはとても不思議な話です。人類が初めてこのような数値を測れるようになったとき、ダークエネルギー、ダークマター＋物質、放射のエネルギー密度の3つが、宇宙史上でもたまたま（？）たいへん近い数になっていた時期に当たっていたというのは、どういうことなのでしょうか。

逆にいうと、近い数でなければ観測できませんでした。というのも、近い数でないと人類は生まれないのです。

宇宙定数が小さすぎるという「宇宙定数の微調整問題」に加え、

この問題は「**偶然の一致問題**」とも呼ばれます。重力をアインシュタイン重力から変更したり、時間変化するダークエネルギーの理論を構築する試みも多数あります。私もいくつかのモデルを提唱してきました。

しかし、この宇宙定数の小ささを自然に説明できる理論の構築には誰も成功していないのです。前にも述べましたが、人間原理を適用しない限りは、この問題は解かれないのかもしれません。

## ●宇宙の未来はどうなる？

これらの量を用い、宇宙膨張の速度であるハッブル定数を測る

⊕ 4-6-4 宇宙の膨張をグラフから読み取る
——観測値は現在の傾き（膨張率）

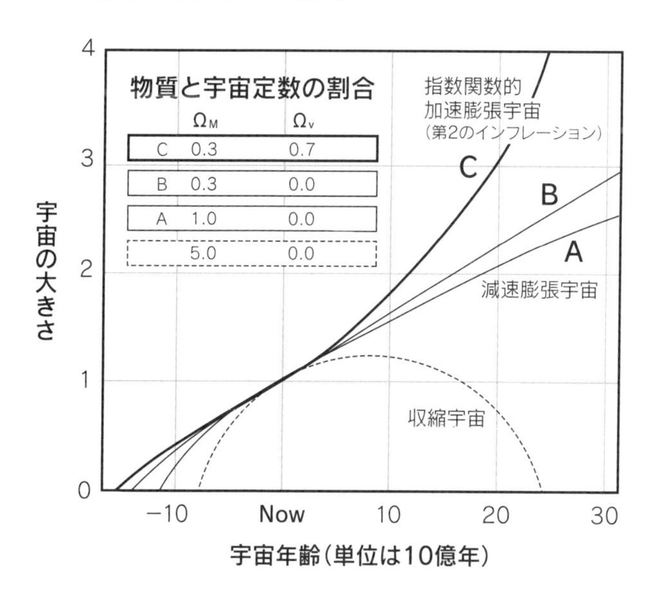

と、将来の宇宙の進化がわかります。前ページのグラフは横軸が宇宙年齢で、縦軸は宇宙の相対的な大きさを表わしています（スケールファクターと呼ばれます）。

宇宙の大きさを示すグラフの「現在の傾き」を測ると、それは膨張の「速度」を表わします。これが**ハッブル定数**です。現在の傾きは同じでも、その後の宇宙の進化は、その中身によって変わってきます。実際に現在のハッブル定数は、観測により得られる観測量です。

1990年代の初め頃まで考えられていたのは、宇宙のエネルギーを満たすのは物質密度がすべてで、宇宙定数が0（$\Omega_V = \Omega_\Lambda = 0.0$）という宇宙でした。それを表わすのは、Bのライン（物質が30%($\Omega_M = 0.3$)）、もしくはAのライン（物質が100%($\Omega_M = 1.0$)）です。その場合、現在と未来の宇宙は減速膨張のみ行なうと考えられていました。物質優勢、もしくは放射優勢の場合、減速膨張しかしないのです。「**減速膨張**」というのは、膨張の速度は減速するけれども、未来永劫、膨張し続けるという解です。

しかし、1990年代以降の観測では、**加速膨張**を示していることがわかってきました（Cのライン）。

ダークエネルギー（宇宙定数）の割合が70%（$\Omega_V = 0.7$）で、物質が30%（$\Omega_M = 0.3$）の場合、今後、宇宙は指数関数的に加速膨張していくことが判明しています（Cのライン）。これは「**第2のインフレーション**」ともいうべき状況です。そうすると、将来、宇宙は物質のエネルギー密度が極端に少なく、空っぽの宇宙になってしまうと予想されます。

# 7 重力波をキャッチせよ！

宇宙初期の様子を調べる手段として、「**重力波**」をとらえる観測があります。インフレーション膨張時、宇宙がブルブルと振動し、原始重力波が生成されることが予言されています。この重力波を検出することができれば、宇宙初期の状態を知る大きな手がかりを得ることができると考えられています。

直接、重力波を重力波アンテナで検出する方法もあります。1Hzから1000Hzほどの振動数に感度のある日本のKAGRA、アメリカのLIGOなどです。将来的には日本が計画しているDECIGOとヨーロッパのeLISAを加えて、$10^{-7}$Hzから測れるような感度のあるものも期待されています。

それとは独立に、宇宙背景放射（CMB）でB-モード偏光（渦状パターン）を検出すれば、インフレーション膨張中につくられた重力波（$10^{-17}$Hzあたりの振動数）を見つけることに相当します。テンソルゆらぎと呼ばれるものが存在すると、とくにその特徴的な振動のパターンからCMBの赤方偏移が場所ごとに微妙に変わり、渦巻きのようなパターンのB-モード偏光を生み出すからです。B-モード偏光の検出は「間接的な重力波の発見」を意味します。

ここで俄然、熱を帯びてくるのがB-モード偏光検出の世界的な競争です。その意味では、2014年10月、KEK（高エネルギー加速器研究機構）が南米チリのアタカマに設置された望遠鏡でのPOLARBEAR実験により、世界で初めて、純粋な重力レンズ効果によるB-モード偏光パターンの測定に成功しました。B-モード偏光自体の相関です。

現在、KEKではPOLARBEAR実験に加えて将来のSimons Array実験計画、GroundBIRD計画、人工衛星によるLiteBIRD実験計画を主導しています。これらの計画でインフレーション膨張起源のB-モード偏光を検出することができれば、インフレーション膨張がつくった重力波を検出することになります。その検出が意味することは極めて重要です。

繰り返しになりますが、まず、テンソルゆらぎはインフレーション膨張を引き起こすポテンシャルエネルギーのエネルギースケールの情報をもっていますので、インフレーション膨張モデルの特定に決定的な役割を果たします。加えて、テンソルゆらぎの

⊕ 4-7-1 チリ・アタカマ高地に設置されたPOLARBEAR望遠鏡 口絵
（写真提供：高エネルギー加速器研究機構（KEK））

検出は「重力の量子性」の一側面を見たことを意味するため、「**量子重力**」のヒントを与えてくれるのではなかろうかと期待されています。

## ●B- モード偏光とは

説明が後になりましたが、厳密性はさておき「B- モード偏光」について、かんたんに説明しておきましょう。等方的に放射された光はまったく偏光していません。しかし、ゆらぎの下で放射されたCMB は偏光するのです。CMB の偏光パターンには、２種類あり、E- モード偏光とB- モード偏光とがあります。E- モード偏光とは、主に密度ゆらぎ（スカラーゆらぎと呼ばれます）があるときに、空間の各点各点で赤方偏移が異なるために生じる放射状のパターンの偏光を指します。

それとは違って、初期宇宙の重力波の影響によりのみつくられるのがB- モード偏光です。

重力波には特徴的な振動パターンがあります。そうした性質をもつ背景にある重力波の下で宇宙背景放射（CMB）の赤方偏移は、影響を受けます。そのとき、特に渦巻きのような偏光パターンが現れます。これをB- モード偏光の偏光パターンと呼びます。特にインフレーションによってつくられたものを、インフレーション膨張起源のB- モード偏光（初期宇宙起源のB- モード偏光）と呼びます。インフレーション膨張起源の重力波モードはE- モード偏光も生むのですが、ユニークな特徴であるB- モード偏光の偏光パターンに注目するのです。

実際、宇宙背景放射（CMB）が放射されてから、地球に届く間に、様々な銀河を通ってくることが計算されます。その際、宇宙初期に重力波モードがなくても、重力レンズ効果により、2次的なB-モード偏光がつくられることが知られています。この重力レンズ効果によるB-モード偏光は、主として小さなスケールに現れます。つまり、インフレーション膨張起源の重力波によるB-モード偏光をとらえるためには、この重力レンズ起源のB-モード偏光をよく観測し、引き去らなければなりません。

## ●BICEP2がインフレーション起源の重力波を検出した？

重力波というと、「重い物質」があるところでつくられる現象だという受け取められ方もあります。しかし、インフレーション膨張のときには物質はほとんど存在しないとなると、重力波ができる要因がわからない……という疑問をもつ人もいます。

実は、重力波には進行波と定在波の2種類があり、天体から放

⊕ 4-7-2 BICEP2 が観測した CMB の偏光 B- モードのマップ

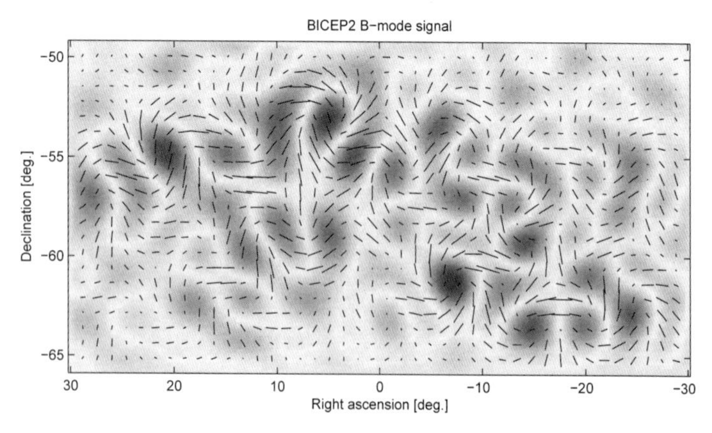


この渦巻き度が B- モードと呼ばれる。図中の赤い部分は時計まわりの渦巻き度が高く、青い部分は反時計まわりの渦巻き度が高い。（出所：BICEP/Keck）

出される重力波は進行波です。しかし、ここで話をしているインフレーション膨張によりつくられた重力波は「**定在波**」のほうです。たしかに、インフレーション膨張中の宇宙には物質はありませんが、大きなポテンシャルエネルギーをもっています。重力はそのポテンシャルエネルギーに働きます。急激な指数関数膨張により、重力場の量子ゆらぎが大きなスケールに引き伸ばされるのです。

2014年3月、南極点近くに設置された**BICEP2**（バイセップツー）というCMB偏光観測の実験チームが「インフレーション起源の重力波をとらえた」というニュースが世界中を駆け巡りました。しかし、これは正しくありませんでした。銀河内のダストから出る放射による偏光を、重力波と見間違えたのです。

その後、同じチームのKeckアレイのデータとPlanck衛星実験のデータとを合わせて共同研究のチームが発足し（BKP共同研究と呼ばれます）、解釈を修正しました。結果は、これまでにない大スケールにおいて、重力レンズ効果によるB-モードを正確にとらえたということになりました。インフレーション起源のB-モードは、未だ誰も検出していないのです。

5章

# ビッグバンで元素が生まれた

# 7 1000兆度の「火の玉宇宙」へ

## ●インフレーションからビッグバンへ

インフレーション膨張の後、よく知られている「**ビッグバン**（The Big Bang Theory）」が続きます。

これは超高温・超高密度の「火の玉宇宙」の時期で、インフレーション膨張のように1秒も経過せずに瞬間的に終わったものではなく、38万年間、宇宙を高温・高圧の状態にさらしました。光子などの放射（輻射）エネルギーが支配的であり、「放射優勢宇宙」とも呼ばれます。その後、138億年も物質のエネルギーが支配する宇宙が続きます。広い意味で、これらの時期の宇宙は「ビッグバン宇宙」と呼ばれます。ここでお話しするように、火の玉が生まれること自体をビッグバンと呼ぶことがよくありますので、混同されています。

ビッグバンはもともと、ハッブルが宇宙の膨張を発見したことによって、「宇宙は過去に遡れば遡るほど小さくなり、最初は1点にまで押し込められるかもしれない」という考え方が元となっています。

ということは、「宇宙には始まりがあった」、そして「進化（拡張）してきた」ことになり、「宇宙は昔も今も変わらない」とする

⊕ 5-1-1 宇宙が拡大しているなら、昔は1点から始まった？

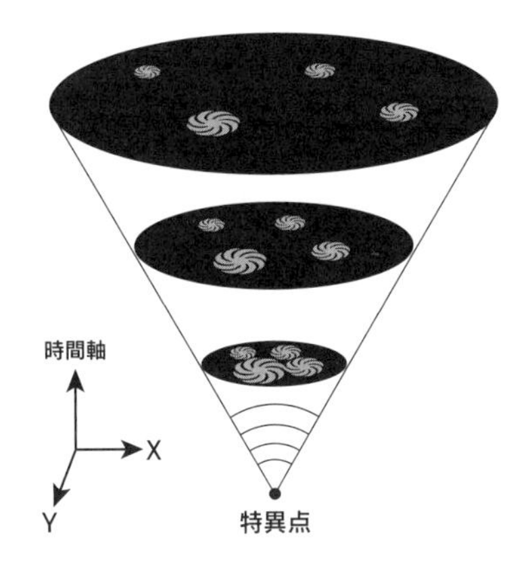


当時の「**定常宇宙論者**」には面白くありません。さきにも述べましたが、その代表格のフレッド・ホイルがラジオ番組の中で、「この大ボラ吹きめ！（big bang idea）」と叫んだところから、後に「ビッグバン」という名前が伝わったとされています。

素晴らしいネーミングですが、論敵から贈られたものだというのが、少しコミカルなところです。ただ、このエピソードにも諸説ありますので、注意が必要です。なお、当時は「定常宇宙論者」は決して珍しいことではなく、アインシュタインも当初は定常宇宙論者の一人であったことはすでに述べてきたところです。

## ●光が前へ進めない時代

ビッグバン宇宙における放射優勢の時代は、インフレーションに比べると、非常に長い時間、宇宙を支配しました。およそ38万年間、宇宙は火の玉の状態でした。光に満ちあふれた時代です。

ところで、なぜ、宇宙は火の玉だったとわかるのでしょうか。

また、38 万年という時間数の算出根拠は何でしょうか。

これも理論から来るのですが、「38 万年経つと、陽子が電子をつかまえはじめるから」というのが、その答えです。

宇宙初期のヒッグス場が素粒子に質量を与え始める時代の温度は1000 兆度（100GeV）ほどです。1eV ＝ 1 万度でしたから、100GeV で1000 兆度となります。

この時期から温度が下がってきて、ヘリウムの原子核などがつくられる時期でも、約 100 億度ぐらいあります。これでは、さすがに温度が高すぎて、宇宙は「**プラズマ状態**」なのです。プラズマ状態とは、高温のために原子から電子が離れてしまい、水素の陽子、ヘリウムの原子核、あるいは電子などが宇宙空間を飛び回っている状態です。

そして光子はアチコチで電子と衝突し、直進できずにいたのです。光子が太陽の中にいるのと似たような状態です。太陽の内部では、温度が6000 度よりもっと高いせいで、水素は水素原子の形ではいられずに、電子と陽子とのバラバラのプラズマ状態になっています。光子は電子と散乱するために前に進めず、星の表面の6000 度ぐらいの自由な電子の密度が下がってきたところで、ようやく直進して我々のところに届きます。太陽表面が丸く、光球とよばれているのは、そのためなのです。光球の中は可視光で見ることはできませんね。宇宙初期にも同じようなことが起こっていたのです。

## ●「再結合」と「宇宙の晴れ上がり」

しかし、38 万年も経つと、宇宙の温度が3000 度くらいまで下がってきます。

3000度になると、陽子は単体で存在しているよりも、何かとくっついていたほうが安定します。これを「**再結合**」といいます。

そうすると、それまでは電子とアチコチで衝突していた光子（フォトンγ）が、今度は電子が陽子にとらえられてしまったことで、光子は電子に衝突せずに通り抜けられるようになりました。スカスカの空間を光が自由に通れるようになったのです。こうして、宇宙はいまのように透明になりました。これが「**宇宙の晴れ上がり**」と呼ばれる現象です。正確には、エネルギーの換算だけからだと、温度が約15万度ぐらいになったときから、再結合を起こしはじめるのです。

しかし、放射優勢の宇宙では、一度、電子と陽子が結合しても、温度の高い光子が豊富にあるせいで、光子がぶつかって、それを壊してしまうというプロセスがとても速く働いてしまいます。高エネルギーの光子によるぶつかりが無視できるようになるためには、温度が3000度に下がるまで、宇宙は待たなければならなかったのです。

# 2 ビッグバン時に1000兆度以上という根拠は？

## ●「eV（電子ボルト）」は宇宙論のいろは

さて、「ビッグバンは少なくとも1000兆度以上の高温で始まった」といわれます（より保守的な解釈では、少なくとも100億度以上）。温度に関しては現在も直接計測することはできませんが、じつは理論的に推測できるのです。

それを知るには「**eV＝エレクトロン・ボルト**（電子ボルト）」という単位を知っておく必要があります。eVは本書で何度も出てくる単位ですので（これまでも断りなく使ってきましたが）、その意味や計算法を少しトレーニングしておきましょう。

まず、eVの意味です。e＝エレクトロン（electron）というのは電子のことで、V（ボルト）は「電位」のことですから、1 eVと書くことにより、「電子一つが1Vの電圧で加速されるときのエネルギー」のことをいいます。

相対性理論の有名な式に、「$E = mc^2$」というアインシュタインの式（もしくは関係式）と呼ばれるものがあります。$E = mc^2$の式の意味は、「エネルギー（$E$）と質量（$m$）とは、光速（$c$）の2乗を掛け算することにより、等価とみなされる」ということです。

一言でいえば、「質量はエネルギーの一形態であり、質量の変化はエネルギーの変化になる」と解釈できます。

インフレーション膨張が起こった頃には、その膨張を引き起こす量子場であるインフラトン場のポテンシャルエネルギー（宇宙定数）が存在していました。

インフレーション膨張後には、そのポテンシャルエネルギーがそのまま、放射エネルギーに転化されたのかもしれません。その一方、多くの理論モデルでは、インフレーション膨張終了後、インフラトン場の振動エネルギーが支配的になることが予言されています。その振動エネルギーは、放射のように振る舞うモデルもあります。

インフラトン場の寿命を迎えるとき、その振動の物質エネルギーが崩壊することにより、放射の熱エネルギーへの転換が行なわれました。それが「火の玉」の始まりだと解釈されます。これを「**再加熱**」と呼んでいます。前にも触れましたが、インフレーション膨張の前にも、放射優勢の時期があった可能性もありますので、「再び」加熱されたという表現を使うのです。

## ●1eVのエネルギーは質量にも、温度にも換算される

そこで、この1eVという非常に小さなエネルギー(1.60 × $10^{-19}$J に相当）を質量に変換してみると、

**（1eVを質量に変換）　1eV = 1.78 × $10^{-36}$kg**

と、きわめてわずかな質量となります。また、この1eVという単位は「温度」にも換算できます。1eVの大きさの運動エネルギーをもつ粒子の温度は1万1600度（K）に相当します。細かい数

字は無視して、大ざっぱに約1万度になると覚えておけばよいでしょう。

**（1eV を温度に変換）　1eV = 10,000 度（K）= $10^4$ 度（K）**

2012 年に素粒子の1つである**ヒッグス粒子**が発見されています。そのヒッグス粒子の質量が 126GeV でした。ここで用いられている、質量の単位「GeV」は、ギガ・エレクトロンボルト（Giga electron Volt）のことです（日本語でのみ「ジェブ」と読まれることもあります。この読み方は英語にはありません）。

宇宙論や素粒子論では、eV は主に下記のエネルギーの範囲で使われることが多いので、出てきたらいつでも単位がわかるように覚えておくと便利です。

**meV（ミリ・エレクトロンボルト = $10^{-3}$eV）**
**eV（エレクトロンボルト）**
**keV（ケブ = 1000eV = $10^{3}$eV）**
**MeV（メブ = 1000KeV = $10^{6}$eV）**
**GeV（ジェブ = 1000MeV = $10^{9}$eV）**
**TeV（テブ = 1000GeV = $10^{12}$eV）……**

2012 年のヒッグス粒子の発見は、ヒッグス場という量子場の存在を明らかにしたことになります。ヒッグス粒子はヒッグス場からの励起を意味するからです。

## ●ビッグバン時、なぜ1000兆度といえるのか？

後でも触れますが、ヒッグス場の真空の相転移が起こったのは、宇宙の温度がヒッグス粒子の質量程度、つまり少なくとも126GeV程度の温度ぐらい（約100GeV＝1000兆度）の時期であったことを意味します。

1eV＝1万度＝$10^4$度Kですから、126GeVであれば、前ページの表からもわかるとおり、

$$126\text{GeV} = 126 \times (10^3 \times 10^3 \times 10^3) \times 10^4 \text{度}$$
$$= 1.26 \times 10^{15}(\text{度}) \fallingdotseq 10^{15}(\text{度}) = 1000\text{兆度}$$

温度が1000兆度（約100GeV）よりずっと高い温度であったとき、ヒッグス場の真空の位置は原点O（135ページのグラフ参照）にあり、ヒッグス場の対称性は、とても高かったことが理論的に予想されています。その後、宇宙膨張により温度が下がってきて宇宙の温度が1000兆度（約100GeV）より低くなると、ヒッグス場の真空の位置が変わり、ヒッグス場の対称性が破れたことが理論的に予想されています。

他にも、宇宙初期の温度は数100億度（数MeV）以上 あればよいという考えもあります。この場合、宇宙年齢は約1秒以内です。

なお、最初の38万年間のビッグバン宇宙では、宇宙のどこか一部が燃えているのではなく、宇宙全体が火の玉になっているというイメージであることに、ご注意ください。

# 3 元素合成とは何か

## ●宇宙誕生の3分後～ 1000 秒の時期に4つの元素が

元素の周期表を見ると、水素、ヘリウム、リチウム以外にもいろいろ元素があって、現在は113 種類が知られています。

じつは、宇宙年齢が約 $10^{-4}$ 秒のときに温度が1兆度（約100MeV）まで下がり、あとで述べる「素粒子」であるクォークとグルーオンから陽子と中性子がつくられます。この現象を**QCD相転移（クォーク - ハドロン相転移）**と呼んでいます。

クォーク　→　陽子 p、中性子 n

そして宇宙の温度が下がるにつれ、陽子と中性子を材料にして、さまざまな元素が生まれていくのです。ビッグバン「**元素合成**」というのは、宇宙が始まって約3分後から約1000 秒後（16 ～17 分）ぐらいまでの時期に、宇宙全体で起こる元素の合成のことを指します。そのときにつくられた元素は、原子番号4番までです（水素、ヘリウム、リチウム、ベリリウム）。

現在、宇宙にある元素の中で一番多いのが「水素」です。水素の原子核は陽子1個です。陽子の電荷は正の＋1で、電荷が負の－1の電子と結合すると、中性の水素原子となります。

現在の地球上のように、温度が低い環境では中性の水素原子の中心には水素の原子核、つまり「**陽子**」が1個だけあり、その陽子の遠く離れたところを「**電子**」が1個回っているという姿です。

陽子をビー玉の大きさに例えると、約1km先に野球のボールの大きさの電子が回っているという、結構、スカスカの密度の状態なのです。その間の空間には、ほぼ何もなく、仮想的な光子がキャッチボールされています。

それぞれの粒子の大きさは、それぞれの相互作用の違いに起因しています。陽子の大きさは強い力（QCD）の届く距離（約 $0.6 \times 10^{-13}$cm)、電子の大きさは電磁気の力（QED）が届く典型的な長さ（古典電子半径、約 $3 \times 10^{-13}$cm)、原子の大きさは電気的に釣り合う長さ（ボーア半径、約 $0.5 \times 10^{-8}$cm）で決まっています。

## ●陽子と中性子とがくっつくとき「光子」を放出

しかし、ビッグバン宇宙では、温度が約3000度以下になるまでは、陽子と電子はバラバラのプラズマ状態ですから、このビッグバン元素合成の時期も、まだ陽子と電子はバラバラでした。

この水素の原子核の陽子に「**中性子**」（n = neutron）が1個くっつくと「**重水素**」（デューテリウム）の原子核となります。陽子と中性子の質量はほとんど同じで、その差は1.3MeVしかありません。

電子の質量は陽子や中性子の1/2000しかありませんから、その質量を無視すると、「重水素の質量＝（通常の）水素の約2倍」になります。

実は、陽子と中性子とがくっつくとき、質量が2.2MeV軽く

⊕ 5-3-1 水素に「中性子」が1つ付いて「重水素」になる

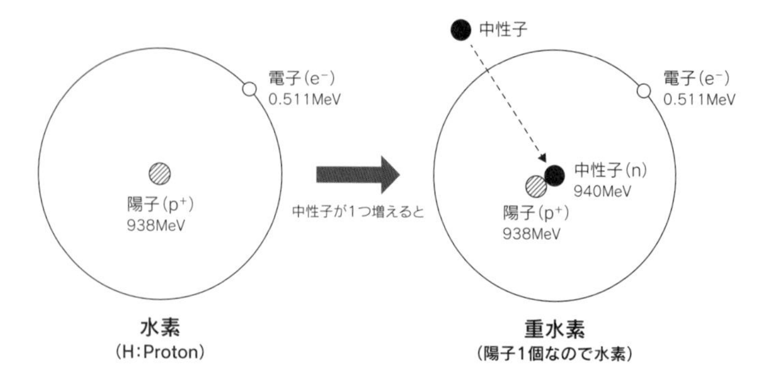


なって、そのエネルギーは光子（γ線）として放出されます。このエネルギーこそ、**結合エネルギー**と呼ばれるものです。アインシュタインの関係式を利用して、質量差をエネルギーに直した $\Delta mc^2 = 2.2\text{MeV}$ が質量欠損として現れるのです。

逆に、2.2MeV以上の光子（γ線）を重水素にぶつけると、どうなるでしょうか。陽子と中性子に壊すことができます。重水素について、恒星の中心では、このような破壊のみが起こり、合成は起こっていないことが知られています。逆にいうと、我々が目にする重水素は、宇宙初期に宇宙全体でつくられた成分です。そういうことを知ると、ぐっとロマンを感じます。

**◉陽子の質量　=約 938MeV（938.272MeV）**

**◉中性子の質量=約 940Mev（939.565MeV）**

**（両者の差）　=約 1.3MeV**

**◉電子の質量　=約 0.511MeV**

## ●重水素、三重水素からヘリウム、リチウムへ

次に、この重水素の原子核に中性子がもう１個くっつくと「**三重水素（トリチウム）**」の原子核となります。三重水素の重さは、水素の３倍あります（陽子１個、中性子２個なので）。ただし、三重水素は不安定で、半減期 12.3 年（平均寿命 40 年）で、ヘリウム３（$^3$He）に壊れます。

半減期という言葉は聞いたことがあると思いますが、元の数が半分になるまでの時間をいいます。それに対し、原子の平均寿命とは、元の数より $1/e$～ 1/2.3 になるまでの時間を表わします。$e$ は $e = 2.7182\cdots\cdots$ のネイピア数です。

水素、重水素、三重水素（これら３つは水素の同位体）の陽子の数、中性子の数をまとめておきます。

　水素…………陽子１

　重水素………陽子１＋中性子１

　三重水素……陽子１＋中性子２

そして、水素（陽子１、電子１）に陽子がもう１個増えたものが「**ヘリウム**」です。ただ、陽子２個だけというのは非常に不安定なので、それに加えて中性子が２個追加されたものが一番安定です。それを「**ヘリウム４**（フォー）」（$^4$He と書く）と呼びます。

先に $^3$He も出てきましたが、こちらは「陽子２＋中性子１」なのです。$^4$He の原子核は安定で、なかなか壊れません。結合エネルギーが約 20MeV もあるためです。もちろん、約 20MeV の光子をぶつけると陽子と中性子などに壊れますが、そのような高エネルギーの光子は、この時期以降は、なかなか存在しません。恒星の中ではヘリウム４が合成されたり、壊れたりしています。

次に軽い元素は、陽子を３個にした原子リチウム（Li）です。

これも安定なものが二つ知られていて、陽子３個に中性子が３個くっついたものをリチウム６といい（$^{6}$Li)、４個くっついたものはリチウム７といいます（$^{7}$Li)。リチウム７は電子製品に使われるリチウム電池の材料になっている元素です。

宇宙空間での宇宙線の衝突による、炭素、酸素、窒素の破砕によっても、リチウムはつくられます。どちらかというと、この破砕反応により、多くのリチウム７はつくられます。

## ●反物質（反粒子）という存在

これまでも説明せずに使ってきましたが、「**物質**（粒子)」（陽子、中性子、電子、クォークなど）には「**反物質**（**反粒子**とも呼ばれる)」というものが存在していたと考えられています。「物質（粒子)」と「反物質（反粒子)」の重量はすべて等しく、次の表のようになります。

| （物質・粒子） | | （反物質・反粒子） |
|---|---|---|
| 中性子 n | → | 反中性子 $\overline{n}$ |
| 陽子 p | → | 反陽子 $\overline{p}$ |
| 電子 $e^-$ | → | 反電子 $e^+$ |

反物質（反粒子）には、物質（粒子）の記号の上に「バー」をつけて「$\overline{n}$」「$\overline{p}$」のように表記し、粒子と区別しています。

粒子と反粒子がぶつかると、互いに消えてしまいます。これを「**対消滅**(ついしょうめつ)」と呼んでいますが、本来は同数あったと考えられる「粒子」と「反粒子」とが、現在はなぜか「粒子」しか残っていない……。この粒子の根源に関わる話については、この後、触れることにしましょう。
そして、宇宙が始まってから、$2 \times 10^{12}$ 秒後（約８万年後）、温度で約 1eV（１万度）のときに粒子と放射（光）のエネルギーが同じ量になるという時期がありました。
そして38万年後、温度が0.3eV（3000度）まで下がったときに水素原子（陽子が電子を捕捉する）が誕生し、飛び回っていた電子と光とが衝突しなくなり、ようやく宇宙が晴れ上がります。ここまでにつくられた元素は、先ほども述べたように、水素からベリリウムまでのたった４種類にすぎません。

# 4 中性子が宇宙から激減した

## ●宇宙誕生後、3分後〜 1000 秒まで

周期表を見ると、水素、ヘリウム、リチウム、ベリリウム以外にもいろいろな元素があって、現在は113 種類が知られています。これらのモトとなる陽子や中性子はいつ、どう生まれたのでしょうか。

先ほども述べたとおり、宇宙年齢が約 $10^{-4}$ 秒のときに宇宙の温度は約 100MeV（約 1 兆度）となり、それまで放射の成分として、自由に飛び回っていた素粒子（クォークやグルーオンなど）が陽子、中性子、π 中間子に生まれ変わります。

これは次の「素粒子」の章で扱うことですが、陽子や中性子は3 個のクォークから構成される粒子（**バリオン**という）であり、π 中間子はクォーク 2 個から構成される粒子（**メソン**という）であり、これらバリオンとメソンを合わせて**ハドロン**と呼んでいます。このため、素粒子（クォーク）から陽子や中性子、π 中間子に変化するこの現象を**クォーク - ハドロン相転移**もしくは、**QCD 相転移**と呼んでいます。

この際、π 中間子は大量に生まれますが、寿命が短いためにすぐに崩壊し、なくなってしまいます。そして、長く残るのは陽子

と中性子のみです。これらは総称して、「**核子**」とも呼ばれます。

クォーク　→　陽子 p、中性子 n

さて、その頃（宇宙年齢が約 $10^{-4}$ 秒のとき）、宇宙は光子 $\gamma$、電子 $e^-$、陽電子 $e^+$、ニュートリノ $\nu$ の放射で満ち満ちていました。ニュートリノは電子ニュートリノ、ミューニュートリノ、タウニュートリノの３種（$\nu_e$）とその反粒子（$\bar{\nu}_e$）３種の計６種類あります。それに加えてダークマターもありますが、以下に述べる反応には寄与しません（光子 $\gamma$ の数が10億個に対して、核子（中性子 n ＋陽子 p）は約１個という少なさ）。

この後は、中性子 n が急激に陽子 p に変わっていきます。$\nu_e$ は電子ニュートリノ、$\bar{\nu}_e$ は反電子ニュートリノで、

$$n \rightarrow p + e^- + \bar{\nu}_e \quad \cdots\cdots①$$

（中性子 n が陽子 p、電子 $e^-$、反電子ニュートリノに変わる）

$$n + e^+ \rightarrow p + \bar{\nu}_e \quad \cdots\cdots②$$

（中性子と陽電子が陽子と反電子ニュートリノに変わる）

$$n + \nu_e \rightarrow p + e^-$$

（中性子と電子ニュートリノが陽子と電子に変わる）

中性子（質量939.6MeV）が陽子（質量938.3MeV）よりもホンの少し重いばかりに、重い中性子が存在しづらくなって、陽子ばかりに変わっていくのです。

このプロセスの逆向き（左向き）の反応もあるのですが、質量の違いのせいで、右向きのほうが断然、強いことがわかっています。①上のプロセスは「**β崩壊**」という名前でも知られています。

## ●中性子：陽子＝1：7で凍結

こうして、中性子が陽子に置き替わる反応が次々に起こった結果、宇宙年齢$10^{-4}$秒後にクォークから中性子と陽子ができた当初は1対1の比だったものが、中性子だけが次々に減っていき、温度が1MeV（約100億度）を切った頃になると、急速に中性子の数が落ちていきます。

では中性子はすべて消えてしまうかというと、そうではなく、宇宙の膨張がさらに進むと、中性子が衝突する相手を見つけようと思っても相手が遠く離れているので、徐々に衝突をしなくなっていきます。

そうすると、ある時点で反応が起きなくなり、陽子と中性子の数（比）が固定されてしまうのです。これを「**フリーズアウト**（数の凍結）」といいます。宇宙全体の中性子の数がこの時点で決まり、中性子の数は陽子の7分の1で止まります。その後は、ほとんどすべての重水素はヘリウム4をはじめとする原子核の中に入るので、この割合は後々まで、変わらないことになります。

中性子の寿命は約890秒（約15分）で、宇宙年齢が約3分のころ（温度は約0.1MeVのころ）には、まだ崩壊しきっていません。この中性子の比較的長い寿命というのは、中性子と陽子の質量差$\Delta m = 1.3$MeVであることからきています。

中性子と陽子の両者の質量が約940MeVであることと比べると、1.3MeVの差というのはとても小さな量です。なぜ、このように小さな質量差なのか、その理由はまだわかっていないのですが、QCDの非線形な効果により、決定されているのではないかと予想されています。

このMeVという質量差は、原子核の束縛エネルギーと同じ

⊕ 5-4-1 中性子：陽子＝1：7まで中性子は激減した

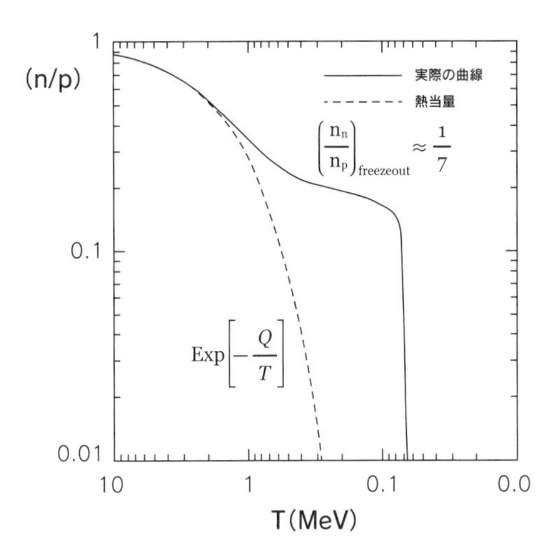


オーダーです。逆にMeVより小さな質量差をつくるには、強い相互作用とは違う物理学を導入しなければならないため、寿命をこれ以上伸ばすことは、不自然だと考えられています。

宇宙年齢が3分のころに中性子の数が凍結することと、中性子の寿命が3分よりも長い（15分）ということは、物理的にはまったく無関係です。3分という数字は、一般相対性理論をもとにした、フリードマン方程式の宇宙膨張の式から出てきます。一方、約890秒（15分）という中性子の寿命は、弱い相互作用での中性子の崩壊率の計算から出てきます。しかし、この順番がひっくりかえると、この宇宙の中性子は、すべて陽子になってしまいます。

そのような宇宙があるとすれば、その宇宙ではその後、ヘリウムや炭素は生まれませんし、生物も生まれません。後で述べますが、炭素も星の中で生まれます。人類誕生の謎は、ここにも解かれていない問題があるのです。私はこの点にたいへん感激していて、元素合成研究をライフワークとして続けるきっかけともなりました。

## ●ヘリウムは全バリオンの 1/4

さて、この生き残った中性子は、その後どうしたかというと、ほとんどすべてがヘリウム 4 の核内に入ります（陽子 2 個、中性子 2 個）。

そのことから、7 分の 1 という数字を使うと、ヘリウム 4 と全**バリオン**（陽子と中性子を足した量）の質量の比が「4 分の 1」とピタリと決まります。このことは、1950 年に湯川秀樹の弟子である林忠四郎により指摘されました。1948 年にビッグバン元素合成の理論を、ラルフ・アルファーとハンス・ベーテと共に提唱したガモフは、その $\alpha-\beta-\gamma$ 理論において、最初に中性子が 100% と仮定したことを考えると、それを上回る高い物理学的センスを感じさせるエピソードです。

$$Y_p \equiv \frac{\rho_{^4He}}{\rho_B} \approx \frac{4 \times \cancel{m_N} \times n_{^4He}}{\cancel{m_N} \times (n_n + n_p)} \approx \frac{2(n_n/n_p)_{freezeout}}{(n_n/n_p)_{freezeout} + 1} \approx 0.25$$

この式を見てください。分子が全ヘリウムの中性子数の 2 倍、分母が全バリオン数です。計算していくと、$n_n/n_p = 1/7$ を入れると、正確に 1/4 になります。

このように宇宙初期に中性子数が決まったことによって、初期宇宙のヘリウムの重量比は全バリオン（陽子＋中性子）の中で 4 分の 1 になるように、この時期に初期条件が決まります。

次ページのグラフは少し複雑ですが、横軸に温度（下がってい

⊕ 5-4-2 軽元素量の時間変化（$\eta = 6.2 \times 10^{-10}$）

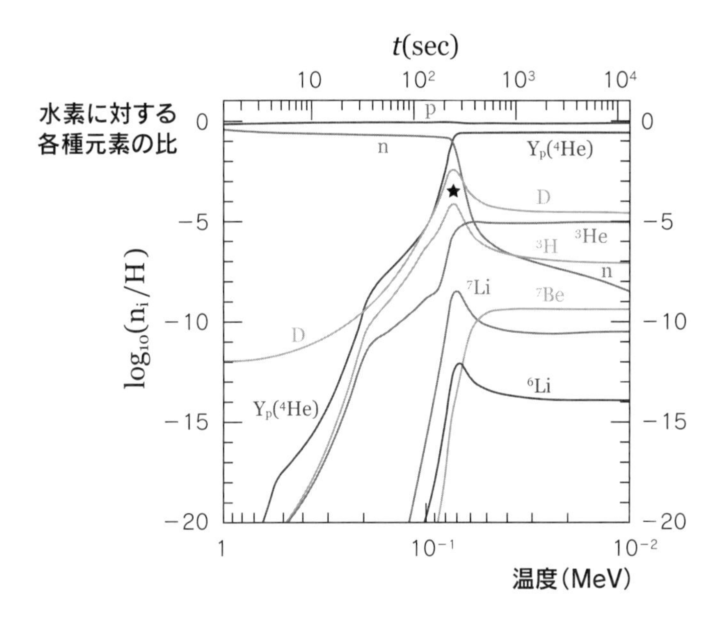


く）を、縦軸には元素の数が水素の数に比べて、どれだけの割合があるかを示したものです。目盛は、縦軸、横軸ともに対数目盛をとっています。

少なくなった中性子を使って、重水素（D）が一気につくられ、グラフの★の時点で）ピークを迎え、この重水素を使ってヘリウム４やヘリウム３ができるため、重水素は少し減ります。重水素はほとんどヘリウム４になってしまいます。この時期が、宇宙が始まってから約３分なのです。カップラーメンみたいですね。

このヘリウム４に重水素がぶつかると、リチウム６と光子（γ）になります。また、ヘリウム４に三重水素がぶつかるとリチウム７と光子になり、ヘリウム４にヘリウム３がぶつかるとベリリウム7と光子になります。

こうして宇宙の初期に、大量の陽子とヘリウム4ができたのです。

重要なのは、これよりも重い元素は、もうできないことです。原子核に8個も核子が入っているものは不安定で、すぐに壊れてしまいます。何かが1個ずつ衝突してきても、なかなかそれより重い元素はできません。宇宙初期の元素合成では、核子の数、「質量数」は7で止まってしまうのです。

原子核の中の陽子の数は、「原子番号」として知られています。原子番号に中性子の数を足すと、質量数となります。質量数が8を越えるような、安定な炭素（原子番号6）や酸素（原子番号8）がつくられるのは、もっと後の話です。

宇宙初期には、元素はここまでしかできません。原子番号4番のベリリウムまでです。これが宇宙全体で起こる、**宇宙初期の元素合成**、つまり、**ビッグバン元素合成**の結果なのです。

**⊕ 5-4-3 元素ができるのは原子番号4まで**

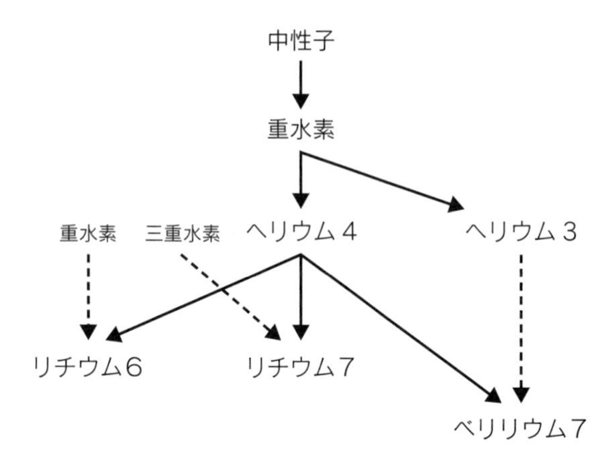

# 5 残りの元素はどうつくられた？

では、残りの元素はどうやってできたのでしょうか。それは恒星の中でつくられたのです。ヘリウム４が同時に３つぶつかるようなプロセスは、宇宙初期にはヘリウム４の密度が低すぎて起こりません。しかし、高密度な恒星内の環境であれば、ヘリウム４が３つ同時にぶつかるプロセスの反応率を上げる結果、炭素などをつくります。ひとたび炭素が豊富につくられると、それをもとにして、窒素、酸素、マグネシウム、ケイ素、イオウ、カルシウム、そして鉄などがつくられていきます。

ただし、恒星の中でも、鉄で元素合成は止まってしまいます。

## ●赤色巨星でつくられる白金、金

なぜ、鉄で止まってしまうのかというと、それは鉄はものすごく安定なためです。すべての元素中で、鉄は一番安定です。鉄には陽子と中性子が26 個ずつ入っているのですが、1 つの核子あたりの束縛エネルギーが一番大きいのです。陽子と中性子をしっかり結びつけています。

高密度の環境で、より軽い元素は、反応により、より安定な鉄になろうとします。また、鉄より重い元素がつくられても、それを壊す反応も十分早く起こるため、結局、安定な鉄に戻されてしまうのです。だから、恒星の中では鉄よりも大きい原子番号の元素はつくられません。

では、元素の生成は鉄で終わりか、というと当然、そんなはずはありません。大きな恒星が歳をとって最期を迎え始めると、赤色巨星になることが知られています。オリオン座の赤い星ベテルギウスがちょうど赤色巨星で、いつ爆発してもおかしくない状況です。

赤色巨星になると、恒星が若い時代にはつくれなかった重い元素をつくるようになります。正確には、漸近巨星分枝（小質量の恒星が年老いた段階）と呼ばれる種族です。水素を燃やした後にヘリウム燃焼・ヘリウムフラッシュという現象が始まると、鉄より重い元素がゆっくりと中性子を捕獲しながら合成されることが知られています（s- プロセス＝ slow process という）。

つくられた粒子はその後、β崩壊して（鉄より重いですが）安定な元素に落ち着きます。s- プロセスのタイムスケールは約 1000 年で、文字通り、とてもスローなプロセスです。

「魔法の数」と呼ばれる特別な組み合わせの陽子数と中性子数をもつ、安定した元素がこの s- プロセスでつくられます。そしてその周りの元素、例えば、ストロンチウム（原子番号 38）、バリウム、（同 56）、鉛（同 82）などを多くつくり、その間の銀（原子番号 47）、白金（同 78）、金（同 79）なども、一部つくられるのです。

## ●超新星爆発、中性子星合体でつくられる金、ウラン

さらにおもしろいのは、**超新星爆発**（Ⅱ型の重力崩壊型の超新

星爆発)、あるいはそれでつくられた**中性子星**の連星が合体したときに、これまでとは異なる元素合成を起こすことです。

太陽の8倍〜10倍の質量をもつ、大質量星の最期にII型の重力崩壊型の超新星爆発が起きます。中心にある鉄のコアに光子が衝突し、鉄が壊れるために圧力が減り、星を支えきれなくなって収縮します。中心が核密度に達すると収縮は止まります。

このときの跳ね返りでつくられる最初の衝撃波は、星を吹き飛ばすほどは強くありません。しかし、中心につくられた原始中性子星から放出されたニュートリノにより温められたり、ぶつかったりすることにより、衝撃波がさらに勢いを増し、遂には星を吹き飛ばすと考えられています。それが重力崩壊型の超新星爆発です。この後に、中心に太陽質量程度の中性子星を残します。

もっと大きな質量をもつものは、ブラックホールをつくることが期待されています。もっと軽いものは、赤色巨星をつくった後、白色矮星を残し、惑星状星雲を形成します。太陽の最期はこの後者のようになるだろうと予想されています。

さて、重力崩壊型の超新星爆発の最中にニュートリノが大量に放射されることを述べました。そのニュートリノが、中心につくられた原始中性子星の表面から中性子を剥がします(ニュートリノ駆動風シナリオ)。その中性子が元素生成で重要な役割を果たします。

鉄を核として、極めて短い時間にそれらの中性子が大量にくっついた結果、金、白金、ウラン(原子番号92)のような超重量級の元素ができる可能性があります。このプロセスは1秒以下とタイムスケールが非常に短く、速いため、**ラピッドプロセス**(r-process)と呼ばれています。r-processでつくられた元素はr-process元素と呼ばれます。

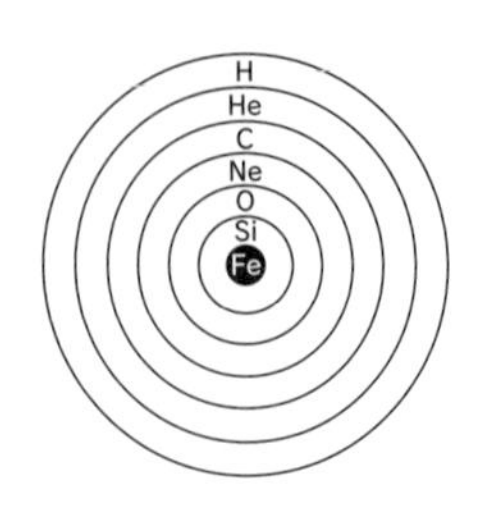


⊕ 5-5-1 重い恒星での元素合成

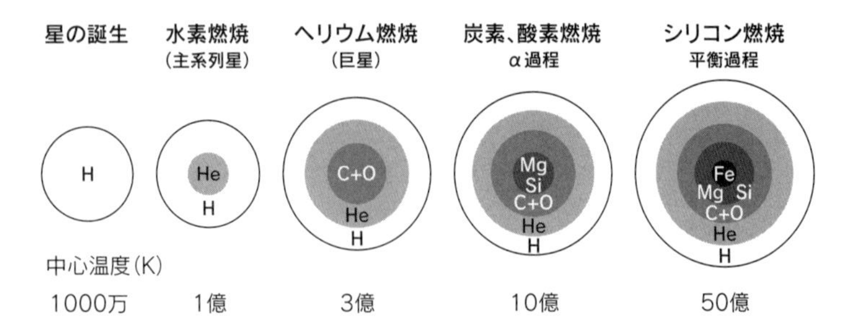


中性子がβ崩壊する前にどんどんくっついていくせいで、これらの重い原子核になれるのです。

ただし、ウランはきわめて不安定なため、どんどん壊れていきます。このような不安定な元素は**放射性元素**と呼ばれ、壊れたときに出す粒子線は放射線と呼ばれます。ウランは、最初に大量にできたため現在まで残っていると考えられています。しかし、このシナリオでは、ウランをはじめとする、r-process 元素の観測量は十分に説明できないことが問題となっています。

それに対し、最近は、新しいシナリオが提案されてきています。残された中性子星が1つではなく、親子星とか兄弟星のように2つが互いに回る「連星」という状態になることがあります。これはもともとの親星が連星であったことに起因しています。

この連星が1つに合体すると、もともと大量の中性子をもっているため、ウランなどの非常に重い元素でも容易につくることができるかもしれません。観測的にも、その合体時に放出される光が、マクロノバ（macronova：nova ＝新星）とかキロノバ（kilonova）と呼ばれる天体の大規模な爆発現象として観測されたのではないかと報告されるようになってきました。

しかし、まだまだ不定性が大きく、理論的にも観測的にも厳しく検証されなければならないシナリオです。

原子力発電というのは、ウランやプルトニウムが原子崩壊するときに出てくるエネルギーを利用して水を沸騰させ、その力でタービンを回して発電しています。このウランは、通常の若い恒星の中ではできず、超新星爆発や、爆発後の中性子星の合体などでつくられていることがわかってきています。また、プルトニウムは、原子炉中でウランが中性子を捕獲することにより生成されます。自然界にも微量に存在しますが、多くはこのように人工的につくられたものです。

## ●人間は「星の子」である

宇宙初期の「**ビッグバン元素合成**」ではベリリウム７までの生成で止まっていました。しかし、重要なことは、星の中では、密度がずっと高いので、ヘリウム４が２つではなく、３つ同時に衝突するということが起きたということです。これはトリプルアルファ反応と呼ばれ、宇宙初期には起こりませんでした。

ヘリウム４は４つの核子（陽子２個、中性子２個）をもっていますので、ヘリウム４が３個衝突すれば、核子は12 個となり、炭素 12 がつくられます。陽子６個と中性子６個で、原子番号は６（炭素）です。つくられた元素は、星の死後、星間空間にまきちらされます。それは、超新星爆発かもしれませんし、惑星状星雲のような形としてかもしれません。

　われわれの身体をつくる「**たんぱく質**」の主成分は炭素です。だから、もし恒星の中で炭素がつくられなければ、生物も生まれませんし、人類も生まれません。わたしたちは、恒星の内部でつくられた、言わば「**星の子**」なのです。

# 6章

# 物質から「素粒子の世界」へ

# 1 ビッグバンでの4つの相転移

## ●素粒子は物質の最小単位

宇宙が生まれ、インフレーション膨張を経験した後、「火の玉宇宙」のビッグバン宇宙につながりました。前章では、そのビッグバンのときに生み出された「元素誕生」の様子を見てきましたが、元素ができるよりも前に、「物質」の究極単位ともいうべき「**素粒子**（それ以上分割できない粒子）」が生み出され、その素粒子がいくつか集まって陽子や中性子をつくり、さらには原子（元素）をつくっていったという壮大な歴史があります。

そして、宇宙がどうして生まれたのか、これから宇宙はどうなるのかを知るには、宇宙をつくっている最小単位「素粒子」を知る必要があるのです。いわば、極小の素粒子は、広大な宇宙をひもとく最大の鍵でもあるといえます。

⊕ **6-1-1 ウロボロスの蛇**
「ウロボロスの蛇」は大きなもの［宇宙］を理解するには小さなもの（素粒子）の理解が必要との喩えに用いられる。

一般に、「原子」は物質をつくっている最小単位と考えられてきました。つまり、「素粒子」と考えられてきたのです。

しかし、ラザフォード（1871～1937）が金箔にα線をあてたところ、そのほとんどが貫通したにもかかわらず、一部のα線が大きく方向を変えたのです。このことから、「（金の）原子の中に何かが存在する」と考えられ、原子の中心には原子核があり、原子核の周りを電子が回っていることを突き止めました。いまでは、その原子核も「陽子と中性子」でできていることがわかっています。

現在、「**電子**」は素粒子の１つとして考えられています。しかし、原子核をつくる陽子や中性子は究極の素粒子ではなく、２種類（３個）の「**クォーク**」という素粒子でできていることがわかっています。その２種類とは、アップクォーク（ｕで表わす）、ダウンクォーク（ｄで表わす）で、

陽　子＝ｕ＋ｕ＋ｄ

中性子＝ｕ＋ｄ＋ｄ

とされ、他にも多くの素粒子の存在が確認されています（たとえば、陽子の３個のクォークを結びつける「糊」の役目をする「**グルーオン**」も素粒子）。これら「素粒子」はどのようにして生まれ、どのように発見され、どのような意味をもっているのでしょうか。

## ●4つの相転移でさまざまな粒子が生まれる

宇宙にはこれまで、少なくとも４回の「**相転移**」の時期があったとされています。「相転移」とは、「氷→水→水蒸気」のように、固体のもの（固相）が液体（液相）になる、あるいは液体が気体（気相）になるなど、まったく「違う相」に変化することをいいま

す。物理学では、それぞれの相を研究するだけではなく、その変化の前後ですら、統一的に扱いたいという欲求があるのです。

例えば、宇宙のはじまりの頃、インフレーション宇宙の時代には物質はなく、真空のエネルギーだけが存在する宇宙でした。それがビッグバン宇宙に変わる段階で「真空のエネルギー → 放射（光や熱）」へと一気に変化し、それまでとはまったく異なる超高熱の世界に変わったようなことを「相転移」と呼んでいるのです。

宇宙の相転移は何度も起き、そのたびに物質の姿も変化してきました。

まず、宇宙誕生の約 $10^{-43}$ 秒〜約 $10^{-44}$ 秒後、エネルギーが約 $10^{18}$GeV 〜約 $10^{19}$GeV（1000 兆度の 1000 兆倍の 10 倍〜100 倍）のとき、**第 1 の相転移**が起こります。この段階で、現在、自然界に存在する 4 つの力（重力、電磁力、強い力、弱い力）のうち、最初に「**重力**」が分岐します。それ以前では、重力ですら量子重力で記述されるべき状態でしたが、このときから、重力は古典化し、現在の重力を媒介する**グラビトン**（存在すると考えられているが、未発見の素粒子）が生まれました。この 4 つの力をすべて説明しようとして考えられているのが「**超弦理論**（7 章参照）」です。

そして**第 2 の相転移**は宇宙誕生の約 $10^{-36}$ 秒後から約 $10^{-38}$ 秒後、温度が約 $10^{15}$GeV 〜約 $10^{16}$GeV（1000 兆度の 10 兆倍〜100 兆倍）のときに起こったとされています。ここで「**強い力**」が分岐します。原子核の中で、陽子と中性子が互いに離れないように固める巨大な力こそ「強い力」なのです。また、素粒子の一つ、グルーオン（素粒子をつなぐ糊の役目）が生まれます。

そして、重力以外の「強い力、電磁力、弱い力」を説明しようとするのが「**大統一理論**（**GUT** = Grand Unified Theory）」です。

## ●第3の相転移(標準理論)、第4の相転移(QCD)

**第3の相転移**は宇宙誕生の$10^{-10}$秒後〜$10^{-12}$秒後、温度が約$10^2$GeV〜約1TeV(約1000兆度の1倍〜10)のとき、最後に残った「電磁力」と「弱い力」が分離した、と考えられています。この「電磁力」と「弱い力」を統一するのが「**電弱理論**」、あるいは「**ワインバーグ・サラム理論**」と呼ばれるものです。

「**電磁力**」とは、私たちのよく知っている「電気と磁気の力」のことです。それに対して「**弱い力**」とは、電子とニュートリノの間や、陽子と中性子の間に働く力のことで、これによってβ崩壊と呼ばれる現象が起こります。「強い力」に比べて力が弱いため、「弱い力」(もしくは「弱い核力」)という名前があります。

そして最後の**第4の相転移**は、宇宙誕生の$10^{-4}$秒後、温度が100MeV(1兆度)のときに起こるものです。この時期になってやっと、私たちになじみの深い、陽子、中性子、あるいはπ中間子など、「**ハドロン**」と呼ばれている複合粒子がクォークやグルーオンのプラズマから生まれます。

クォーク　→　陽子、中性子

この時期は「QCD相転移」と呼ばれています。QCD(Quantum Chromodynamics)とは直訳すれば「量子色力学」となり、クォークなどをRGBの3色で表現しようというものです(もちろん、クォークにRGBの色が付いているというわけではなく、あくまでも色で分類したということ)。

こうして安定な素粒子(陽子、中性子など)が出そろった後、宇宙誕生の3分後〜1000秒後(16〜17分)に、それらを材料

## ⊕ 6-1-2 宇宙における4つの相互作用と相転移

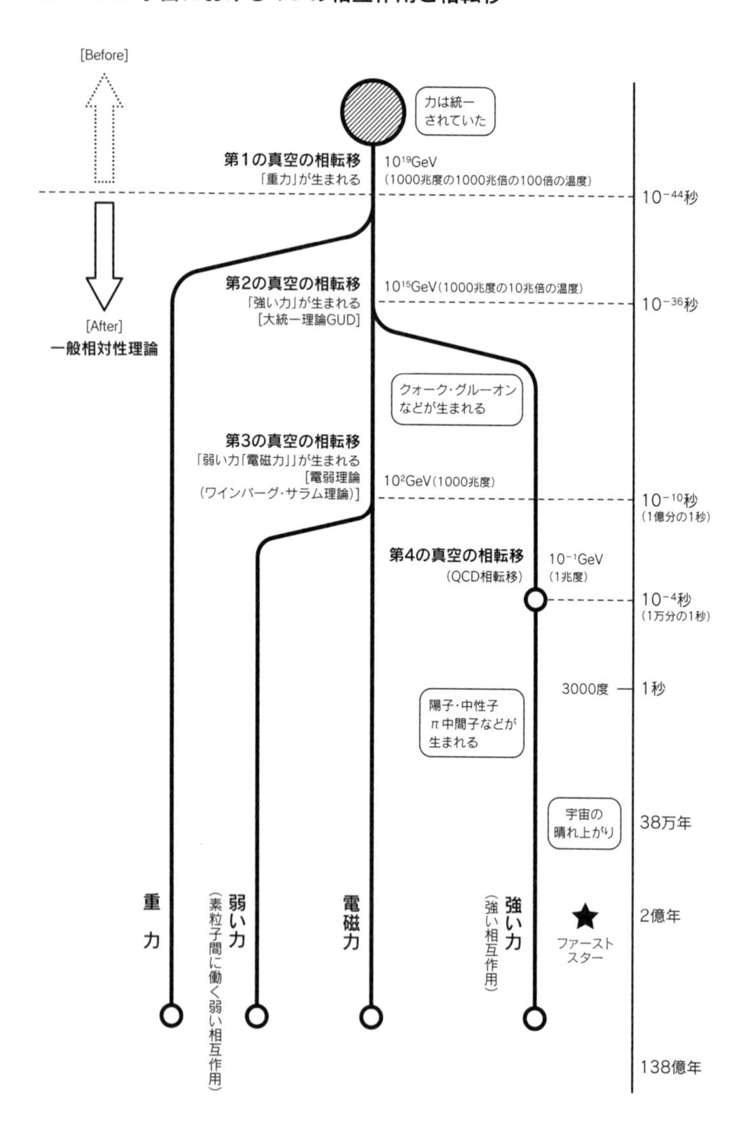

として、前章で述べたように、重水素、三重水素（トリチウム）、さらにはヘリウム、リチウム、ベリリウムまでの元素ができます。

さらに38万年後、水素原子が生まれます。これによって電子は原子に捕獲され、光子が直進できるようになり、宇宙は「晴れ上がり」を迎え、放射優勢の宇宙が終了します。

# 2 大統一理論と重力の謎

４つの相転移を見ていると、その間に、さまざまな力が分岐してきたことがわかります。

①第１の相転移 → 超弦理論？…電磁力＋弱い力＋強い力＋重力
②第２の相転移 → 大統一理論…電磁力＋弱い力＋強い力
③第３の相転移 → 電弱理論……電磁力＋弱い力
④第４の相転移 → QCD ………電磁力＋弱い力＋（QCD 相転移）

⊕ 6-2-1 大統一理論の分岐

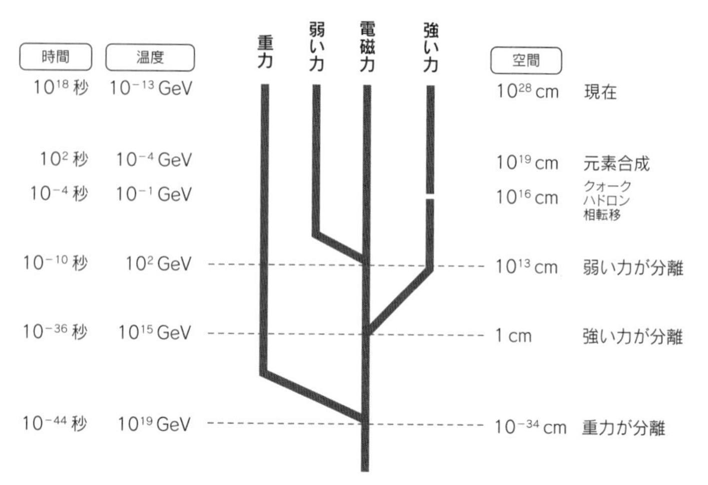

重力、強い力、電磁力、弱い力——この中で、重力が他の３つの力（強い力、電磁力、弱い力）に比べ、極端に小さすぎるといわれます。もちろん、「力に強弱の差があってもいいではないか」と考えることも可能ですが、なぜ「重力が弱すぎる」ことを問題視するのでしょうか。

それは物理学では、「力の強さは同程度」を期待しているからです。ところが、実際には４つの力はあまりに違いすぎます。そこには「何らかの知られていないメカニズムがあって、そのために現在は分化してしまい、力の大きさにも差が出ている」と考えます。それを解明することで、宇宙の謎を解く一つの鍵にもなるのです。

## ●重力が大きく力を落としていく

次のグラフで、横軸は温度（K＝ケルビン）ですが、エネルギーと同じと考えてください。縦軸は相互作用の強さを表わしています。

グラフの右端は、「超弦理論のような量子重力理論に帰着することに相当し、「力は一つだった」と考えます。しかし、重力はプランク質量が大きいせいで、分岐した後、低エネルギーの時代を迎えるにつれて、グラフに見るように一気に力を弱めていきます。これが重力の特徴です。分化した後の重力は、一般相対性理論で記述されます。

もっとエネルギーを下げると（右から左へ）、電磁気の力と弱い力に分かれています。現在われわれはこの４つの力を、別々の力（重力、強い力、電磁気力、弱い力）として認識しています。

### ⊕ 6-2-2 力の統一

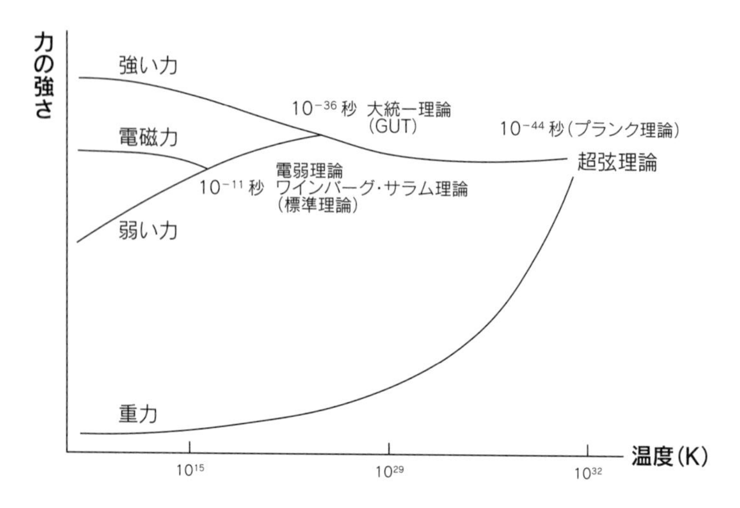


図の縦軸にとってある、それぞれの力の強さとは、それぞれの「**群**（数学の概念の一つ)」ごとに決まった結合定数の強さのことをいいます。また、エネルギーが低くて結合定数が有効的にエネルギーの負ベキの次元をもっている場合には、エネルギーのベキをかけて、無次元化してあります。強い力（群で表わすとSU(3))と弱い力（群はSU（2)）と電磁気力（群はU（1)）で、エネルギーごとの結合定数と呼ばれる理論式をそれぞれに書き下すことができます（大統一理論がもつ対称性、群、結合定数などの詳細について知りたい方は「付録 2」を参照)。

その方程式に従ってエネルギーを上げていくと、どのように結合定数が変化するかを、理論的に知ることができます。これを、「**結合定数の繰り込み群方程式**」といいます。

その方程式に従うと、約 100GeV のエネルギーで弱い力と電磁気が統一されること、約 $10^{15}$ ～ $10^{16}$GeV 付近で大統一が実現されそうなことが、理論的に計算されます。

## ●大統一理論と陽子の寿命

大統一理論（GUT）によれば、“無限の寿命”とされる陽子でさえ、いつかは消えてなくなります。その際、陽子は陽電子（$e^+$）や$\pi$中間子（$\pi^0$）に崩壊します。といっても、陽子の寿命は少なくとも$10^{33}$年以上あり（あるいは、$10^{34}$年以上）、とんでもなく長い寿命をもっています。その理由は、後で説明する「GUTヒッグス粒子（電弱理論のヒッグス粒子ではなく、大統一理論のGUTヒッグス粒子）」の質量がとんでもなく重いためです（約$10^{15}$GeV）。

また、岐阜県の地下深くにあるスーパーカミオカンデの水の中の陽子の崩壊が起こっていないことから、「陽子→陽電子＋$\pi^0$」に壊れるモードに対しては、$10^{33}$年以上と報告されています。

後で述べる超対称性理論に基づくGUTモデルでは、さまざまな効果から、陽子の寿命は$10^{34}$年程度になるため、超対称性理論など「標準理論を超える物理の兆候が見えはじめた」という解釈がなされています。

超対称性GUTモデルでは、GUTヒッグス粒子の質量が1桁上がって約$10^{16}$GeVとなることと、まず超対称性粒子が現れてから標準粒子に壊れるというプロセスが入ることから、寿命が長くなる傾向があります。この効果が、超対称性なフェルミオン粒子が媒介することで寿命が短くなる効果を上回って、寿命を長くするのです。

# 3 素粒子の標準モデル

宇宙の誕生からビッグバンの終わりまでを、「相転移」という視点から、まるで見てきたかのように述べてきました。ところで、陽子や中性子は素粒子ではなく、そのなかに、さらに小さな「クォーク」という、より基本的な素粒子があることに、どうやって気づいたのでしょうか。

## ●宇宙からの訪問者「宇宙線」を調べる

クォークに関する最初の情報は「宇宙線」からもたらされました。宇宙線は宇宙空間を高速で飛び交う高エネルギーの放射線のことで、主な成分は陽子です。これが地球大気の窒素や酸素に衝突すると空気シャワー現象が生じ、2次宇宙線となって2次粒子が大量に発生します。この2次粒子を調べていると、それまで知られていなかったさまざまな粒子が見つかったのです。

たとえば、1931年には「**陽電子**」が宇宙線の中から発見されました。ふつう、電子といえば負の電荷をもつため $e^-$ の形で書きますが、「電子と同じ質量、電荷が逆（正の電荷）の粒子＝陽電子」が見つかったのです。このため、電子を $e^-$ と書きますが、陽電子は $e^+$ と書きます。陰陽という意味では、電子が陰（−）なら、その電子の「陽版（＋）」が陽電子です。つまり「反電子」なのです。

1936年にはミュー粒子、1947年にはπ中間子などが見つかりました。つまり、宇宙線として飛来してきた陽子が、大気内の窒素分子などと衝突し、まったく別の粒子をつくったのです。

そこで1964年、マレー・ゲルマン（1929～）、ユヴァル・ネーマン（1925～2006）、ジョージ・ツワイク（1937～）は独立して「陽子や中性子はもっと根源的な粒子でできているのではないか」という考えを提唱し、ゲルマンがそれを「**クォーク**」と命名しました。クォークとは、ジェイムズ・ジョイスの小説『フィネガンズ・ウェイク』で「鳥がクォーク、クォーク、クォークと3回鳴く」からとった言葉とされています。

宇宙線以外にも、「**加速器**」と呼ばれる装置を使うことで、陽子と陽子、陽子と反陽子、電子と陽電子などを衝突させ、人工的にさまざまな新しい粒子を探し出す研究が行なわれています。それが加速器実験です。

ただ、宇宙線での観測に比べ、スイスにあるCERN（欧州原子核研究機構）の巨大加速器LHC（大型ハドロン衝突型加速器）でさえ、そこで達成されるエネルギーは約$10^{13}$eV（重心系）、あるいは約$10^{17}$eV（実験室系）にすぎません。これに対し、宇宙線の観測では約$10^{20}$eV以上の高エネルギーのものが検出され、依然として、宇宙線で実験するほうがエネルギー的には先行しています。

このため、歴史的に、とくに初期の素粒子の発見では、その多くが宇宙線の観測から重要な情報がもたらされたという経緯があるのです。

## ●素粒子の仲間たち「クォークとレプトン」

現在、「究極の粒子＝素粒子」と考えられているものとしては17種類あり、それが次の図に示した「**標準モデル**の素粒子」です。

まず大きく分けて、図の左側の「**クォーク**」と「**レプトン**」は物質を直接つくっている粒子です。そのため、物質場とか物質粒子とも呼ばれています。

たとえばクォークの2種類、つまりアップクォーク（u）2個、ダウンクォーク（d）1個で「陽子（p)」ができます。

u＋u＋d＝p

これは水素の原子核です。この原子核が電子（レプトンの1つ）と結合し、電気的な束縛状態をつくることで、水素原子ができます。さらに原子核に複数の陽子と中性子が強い力で結びつくことで、ヘリウム、炭素、酸素、窒素、カルシウム、鉄などをはじめとする、さまざまな元素の原子核ができます。つまり、クォークとレプトンで「物質をつくっている」のです。

そしてそれらが離れないようにつなぐ「糊の役目を果たしているのが「**ゲージ粒子**」です。「電磁気の力を媒介するのが「**光子**」であり、「強い力を媒介するのが「**グルーオン**」です。光子もグルーオンも、素粒子です。

## ●バリオン、メソン、ハドロン、そしてエレクトロン

次の図6-3-2を見てください。これも素粒子の分類の一つですが、先ほどの図とは分類の方法が少し違います。よく見ると、クォークの上に「メソン」「バリオン」、そして「ハドロン」と

⊕ 6-3-1 標準モデルの素粒子（17種類）

**物質粒子**

| | 第1世代 | 第2世代 | 第3世代 |
|---|---|---|---|
| クォーク | u アップ<br>d ダウン | c チャーム<br>s ストレンジ | t トップ<br>b ボトム |
| レプトン | $\nu_e$ eニュートリノ<br>e 電子 | $\nu_\mu$ μニュートリノ<br>μ ミューオン | $\nu_\tau$ τニュートリノ<br>τ タウ |

**ゲージ粒子**

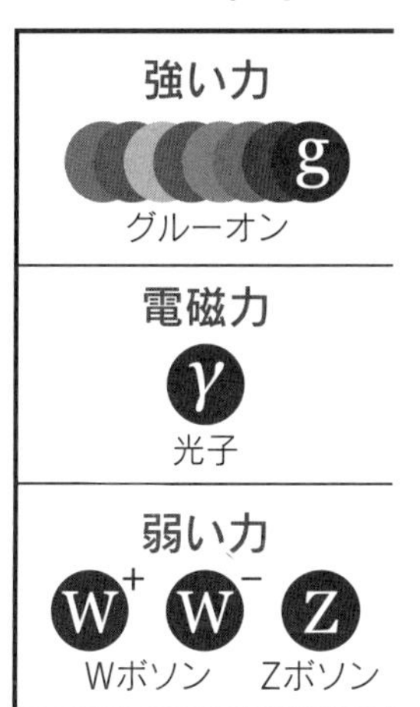


**ヒッグス場に伴う粒子**

⊕ 6-3-2 素粒子の構造と分類

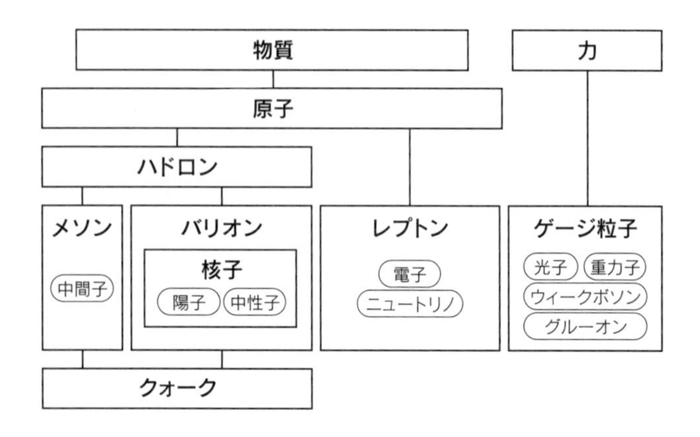


いった言葉が書かれています。

簡単に言うと、クォーク２個でできた**複合粒子**（中間子など）を「**メソン**（中間子）」、クォーク３個でできた複合粒子（陽子など）を「**バリオン**」、そしてメソンとバリオンの両方を総称して「**ハドロン**」と呼んでいます。

「メソン」はクォークと反クォークの２つでつくられています。反クォークとは前にも少し説明したクォークの「反粒子」のことです。

メソンにおいて、粒子と反粒子が同じ場合には電気的な電荷はゼロになります。バリオン数もゼロになります。例としては、たとえば中性π粒子があります。

クォークは単独では存在できず、２個（メソン）や３個（バリオン）のような形で存在しています。

これまで見てきたように、「陽子、中性子」は50年ほど前までは電子と同様、素粒子と考えられていたのですが、現在、それらは素粒子ではなく、いくつかの素粒子からできている「**複合粒子**」とされています。しかし、電子はいまでも素粒子の１つと考えられています。

原子核の中の陽子、中性子などを形づくっているクォークはアップとダウンでした。しかしクォークにはさらに重いクォークであるチャーム、ストレンジ、トップ、ボトムを加えた６種類があります。

それに対し、電子、電子ニュートリノ、μ粒子（ミューオン）、μニュートリノ、τ粒子（タウレプトン）、τニュートリノなどの素粒子は「**レプトン**」と呼ばれ、同じく６種類の存在が確認されています。電子、ミューオン、タウレプトンには電荷がありますが、ニュートリノは中性です。

これらクォーク６種、レプトン６種の中で、実際に宇宙に安定に存在するのは、アップクォーク、ダウンクォーク（ともに陽子や中性をつくる）と、電子、ニュートリノの４種くらいしかありません。クォークにおいては、ストレンジクォークを含むメソンであるK中間子やチャームクォークを含むメソンが宇宙線中に現れるぐらいです。

チャーム、トップ、ボトムの重い３つのクォークは、最初は、小林誠さん（1944～）、益川敏英さん（1940～）の**小林・益川理論**で理論的に予言されました。いずれも、その後、人工的な加速器で確認されることになります。最も記憶に新しいのは、1995年に米フェルミ国立研究所の加速器実験である、CDF実験とD0実験によって最後のトップクォークが発見されたことでしょう。

なお、小林誠さんはKEKの特別栄誉教授として、私と同じフロアのオフィスで研究されています。

## ●ゲージ粒子とは何か

次に「**ゲージ粒子**」を紹介します。図6-3-1を再度、見てください。ゲージ粒子は３つの仕切りで区切られていますが、素粒子の名前の違いとしては４種類ほどあります。これらは、これまでの物質粒子とは違い、「力を伝える素粒子」(「量子場」ともいう)です。現在、力には「強い力、電磁気力、弱い力、重力」の４種類があるといいましたが、これらに対応して、「ゲージ粒子」が存在するのです。対応関係は次のとおりです。

①強い力……グルーオン
②電磁力……光子
③弱い力……Wボソン(W$^+$、W$^-$)、Zボソン

①の「強い力」に関係しているのがグルーオンです。陽子や中性子をつくっているのがクォーク(アップクォーク、ダウンクォーク)ですが、そのクォークは「強い力」で結ばれています。そして、アップクォーク、ダウンクォークは互いにグルーオンを受け取ったり、渡したりすることで「強い力」をつくっています。

なお、グルー(Glue)とは「膠(こう)(糊)」のことをいいます。アッ

⊕ 6-3-4「強い力」はグルーオンのやり取りで生まれる

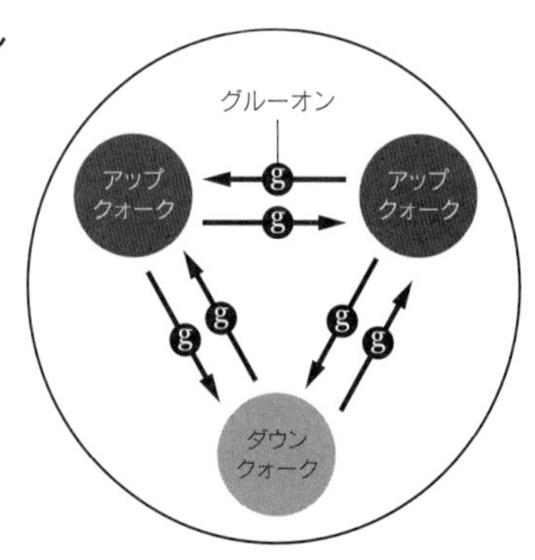

⊕ 6-3-3 ダイアグラム。電子と電子のクーロン散乱を表わす

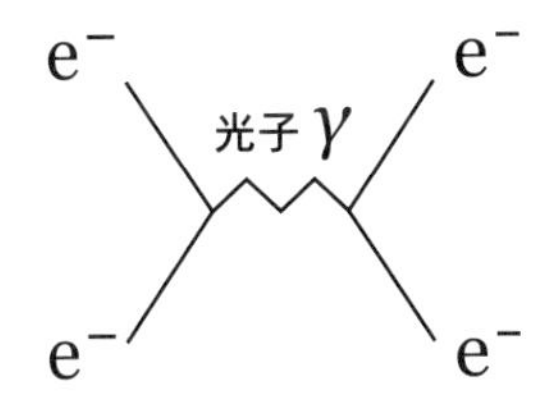


プクォーク、ダウンクォークが陽子や中性子から抜け出そうとするのを、このグルーオンが押さえ込んでいるのです。

ゲージ場は「弱い力」でも活躍します。たとえば、中性子が壊れるときには、この「弱い力」が働きます。その壊れる頻度をコントロールしているのが「弱い力」のゲージ粒子である、ウィークボソンです（電荷をもった$W^{+}$ボソン、$W^{-}$ボソン、中性のZボソン）。

いま、あえて最初に「強い力」「弱い力」の話が出てきました。しかし、日常に触れる一般的な「力」といえば「電磁気力」です。電磁気力は、電荷をもった粒子同士の散乱、例えば電子同士や電子と陽子の間のクーロン散乱のときに働きます。両者の間に光子（フォトンγ）を交換することにより、引力と斥力が働きます。電子と陽電子の対消滅では、電子を交換しておこります。これも電磁気の力です。

２つの電子（$e^{-}$）を衝突させると、そこに光子がキャッチボールされて散乱します。これが電気の力です。上記のテーブルの電磁力の欄に「光子」とあるのは、そのためで、光子のやり取りによって、電気力、もしくは磁気力が生まれるのです。磁石同士の引力と斥力も、２つの磁石の間で光子を交換することによる、磁気の力です。

上の図はファインマンダイアグラムと呼ばれるもので、ファイ

ンマンによって導入されました。この図を見ながら、散乱の頻度の強さを表わす散乱振幅の計算を、体系的に導くのです。たとえば、中間状態にどんな粒子が現れたかということを図形的に記述するたいへん便利な方法です。

上記のテーブルの中でも、紹介が最後になったのが、2012年に確認された「**ヒッグス粒子**」です。後に詳しく紹介しますが、ヒッグス粒子は、ヒッグス場の真空からの**素励起**(それいき)*です。

ヒッグス場は、標準理論に登場する、ニュートリノ、光子、グルーオンを除く、ほとんどの粒子、つまりクォーク、ウィークボゾン、荷電レプトン、ヒッグス粒子自身に質量を与える役割があります。

*素励起 … 場の真空にエネルギーが与えられると、素粒子が飛び出してくるというような状態のこと。

## ●スピンでも分類できる

ここまでに「物質粒子」であるクォーク、レプトン、そして

⊕ 6-3-5 スピンの違いでも素粒子を分類できる

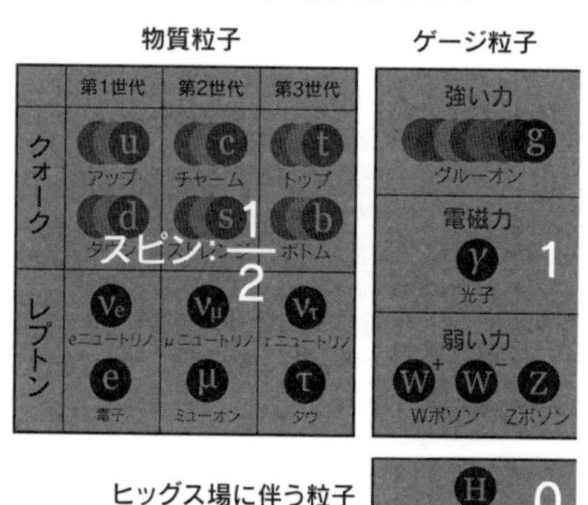

「ゲージ粒子」であるグルーオン、光子、Wボソンなどを説明してきました。

素粒子の分類法はいろいろあり、「**スピン**」で分けることもできます。

スピンというのは、その粒子が固有にもっている「**角運動量**」を表わす量（量子数）のことです。ちなみに、角運動とは「自転」の強さのように考えていただいてもかまいません。

素粒子はそれぞれ固有のスピンをもち、スピンが整数のタイプと、スピンが1/2のような半整数（分数）のタイプがあると考えます。そして、

・整数のタイプ……**ボース粒子**（あるいはボソン、ボゾン）

・半整数のタイプ……**フェルミ粒子**（フェルミオン）

と呼んでいます。つまり、物質をつくる素粒子（クォーク、レプトン）はスピンが1/2なのでフェルミ粒子であり、力を媒介とする素粒子（ゲージ粒子）はスピンが1なのでボース粒子となります。

たとえば、強い力を伝達するグルーオン（スピン1）、電磁力を伝達する光子（スピン1）、弱い力を伝達するウィークボソン（スピン1）などです。重力を伝達する重力子（グラビトン）は現時点ではまだ発見されていませんが、そのスピンは2と考えられており、整数なのでやはりボース粒子です。

最後に残った素粒子であるヒッグス粒子はスピンが0ですから、やはりボース粒子といえ、自転に相当する量子数がゼロということになります。現在までに発見された、スピンが0の素粒子はヒッグス粒子だけで、このようにスピンが0の素粒子を**スカラー粒子***と呼んでいます。

ボース粒子はインドの物理学者サティエンドラ・ボース

（1894 ～ 1974）の名前から、またフェルミ粒子はアメリカの物理学者エンリコ・フェルミ（1901 ～ 1954）の名前からとられています。

スピンといっても、本当に回転しているかどうかではなく、これも便宜上の区分けです。回転していると思われる角運動量をもっているとすると、話の辻褄が合うのです。

たとえば、フェルミ粒子（クォーク、レプトンなど）はその回転の強さが半整数で表わされるといいました。これは、フェルミ粒子の波動関数の性質で、「２分の１回転する」というよりも、「２回転で元に戻る」という性質があるせいで、その逆数で２分の１と考え、それをスピン 1/2 としています。

＊スカラー粒子 … 後に説明するπ中間子（複合粒子）のスピンも０なのですが、パリティ変換（鏡に映す変換）について負の値を返すので、擬スカラーと呼ばれています。

# 4 クォークの「世代」と「色」

## ●世代は重さで分ける

ところで、図 6-3-1 の「標準モデル」の表では、クォークとレプトンを「第 1 世代、第 2 世代、第 3 世代」と分けていました。この「**世代**」とは何のことでしょうか。

じつは、「世代」の分け方は素粒子の対称性と関係があるのです。

例えば、図 6-3-1 を見ると、クォーク 2 種類（アップ、ダウン）、レプトン 2 種類（電子、ニュートリノ）は第 1 世代に分類されています。

しかし、「クォークやレプトンは 3 世代まである」ことを予想したのが「**小林・益川理論**」で、その後、さまざまな実験で確かめられました。小林誠さん（KEK）と益川敏英さん（現名古屋大学 KMI）のお二人は、この功績によって 2008 年にノーベル物理学賞を受賞されています。

質量でみると（次ページの図を参照）、第 1 世代より第 2 世代のほうが重く、第 2 世代より第 3 世代のほうが重いという傾向があります。クォークの同じ世代では、電荷が正（＋ 2/3）のものと負（－ 1/3）のもので対、つまり二重項をつくっています。

⊕ 6-4-1 クォークは世代で重さが大きく異なる

| 世代 | クォークの名前 | 質量 |
|---|---|---|
| 第1世代 | アップクォーク（u） | 1.7～3MeV |
| | ダウンクォーク（d） | 4.1～5MeV |
| 第2世代 | チャームクォーク（c） | 1.3GeV |
| | ストレンジクォーク（s） | 80～130MeV |
| 第3世代 | トップクォーク（t） | 173GeV |
| | ボトムクォーク（b） | 4.2GeV |

## ●実際には、第1世代しか存在していない？

第1世代のアップクォークとダウンクォークは、陽子と中性子をつくりました。また、第1世代のレプトンは、電子と電子ニュートリノですので、日常生活でもよく知られた素粒子です。

ところが、第2世代、第3世代のクォークやレプトンになると、日常生活で出会うことはまずありません。なぜかというと、これら第2世代、第3世代のクォークでつくられた粒子（ハドロンや荷電レプトン）は非常に重く、不安定であり、すぐに軽いものに崩壊します。

ですから、第2世代のクォーク（チャームクォーク、ストレンジクォーク）によってつくられたハドロンがあってもすぐに壊れる*のです。

第3世代となると、第2世代よりもさらに重いため、さらに速く壊れてしまいますし、加速器で人工的につくるにも超高エネルギーを必要とし、その環境をつくるのがさらに難しくなってきます。

このため、現実的な話をすれば、宇宙に日常的に存在する物質粒子は、そのほとんどが第１世代のクォーク２種（アップ、ダウン）とレプトン２種（電子、ニュートリノ）でできていると言っても過言ではありません。

＊すぐに崩壊する … 例外もあります。第２世代の荷電レプトンであるミューオン（ミュー粒子）は、宇宙線と大気との衝突により、上空で大量につくられています。寿命は約100万分の1秒と短いのですが、質量が106MeVながら、典型的に数GeVより高いエネルギーをもつため、相対論的な効果により寿命が延び、崩壊することなく地表にまで届いています。我々の体も、1秒間に数回以上、ミューオンが貫いています。その意味では、ミューオンは第２世代の荷電レプトンでありながら、なじみ深い素粒子です（1937年に発見）。

なお、大気ニュートリノについては、岐阜県にあるスーパーカミオカンデで詳細に調べられています。ニュートリノは水分子中の核子や電子と散乱しますので、大量の水を準備して待っていれば、そのとき出るチェレンコフ光をとらえれば、どれだけのニュートリノがやってきたのかを知ることができます。

一方、宇宙線の量は、ほぼ正確に計られているため、スーパーカミオカンデ中で、どの種類のニュートリノがどれくらいの頻度でとらえられるか、理論的に予想できるのです。

ここで大きな問題が起きました。それが**大気ニュートリノ問題**です。このスーパーカミオカンデでとらえられたニュートリノの種類について、電子ニュートリノとミューニュートリノの比は予想された1対2ではなく、1対1に近いことがわかったのです。

しかし、もし「質量がない」と考えられていたニュートリノに質量があれば、この問題は解決されるのです。つまり、「ミューニュートリノがタウニュートリノに振動して、消えてしまった」というものです。これらは「**ニュートリノ振動**」と呼ばれる現象です。

この現象を東京大学宇宙線研究所の梶田隆章さんが発見しました。2015 年のノーベル物理学賞をカナダのアーサー・マクドナルドさん（太陽ニュートリノの検出に関する SNO 実験）と共に受賞されるのにふさわしい大発見です。この詳細については、「付録」にまとめましたので、関心のある方は参照してください。

## ●第２世代、第３世代の存在が宇宙の秘密を解き明かす

ところで、理論的にはクォークやレプトンが「第３世代まである」とはいっても、実際には宇宙に存在しないように見える第２世代、第３世代を研究する意味は何なのでしょうか。

たしかに、現在の宇宙では、ニュートリノを除いて、第２世代、第３世代の重く不安定な粒子は消えてなくなっていますが、宇宙初期には、第２世代、第３世代のクォーク、レプトンがちゃんと存在していました。

たとえば、宇宙の膨張速度というのは、宇宙の中にある素粒子全部のエネルギーで決まっているために、第１世代だけでなく、第２世代、第３世代も合わせて全部考えないと、宇宙膨張の速度が合わないということがあります。これが第２世代、第３世代が、我々の宇宙に直接影響している例です。

実際、前章で紹介した「ビッグバン元素合成」にその影響が顕著に出ます。軽元素がどうできたかを考えるうえで、これら第2、第３世代を考える必要性があるのです。

たとえば、ニュートリノが第３世代までは存在しないと、ビッグバンでの元素合成で、ヘリウム４の存在量をまったく説明できません。なぜかというと、第３世代まで考えたときに初めて宇宙

初期の中性子と陽子比の凍結数 1/7 を決めてきました。ニュートリノの世代数が多くて膨張が速いと、中性子と陽子の比は 1/1 に近くなってきます。そうすると、ヘリウム 4 に入る中性子の割合が大きくなるので、ヘリウム 4 がたくさんできてしまうような、おかしな宇宙になってしまうのです。

もし、ニュートリノの世代数が 3 より小さい場合は、逆の効果があります。その場合の宇宙では、ヘリウム 4 の数が少なくなるのです。最新のヘリウム 4 の詳細な観測により、ビッグバン元素合成の理論は、ニュートリノの世代数として、3 世代を強く支持します。

まったく独立な方法ですが、2015 年発表の Planck 衛星が観測した、宇宙背景放射（CMB）の温度ゆらぎ、E- モード偏光、さらに SDSS という銀河のサーベイのそれぞれの観測データを加えると、95% 以上の信頼度で約 2.7 世代から約 3.9 世代以内であることが報告されています。これは、ニュートリノの世代数に依存して、いつ宇宙が放射優勢から物質優勢の宇宙に変わったかということを、精度よく測れるようになってきたことから得た最新情報なのです。つまり、これらから精度よく、ニュートリノの世代数は 3 であることが支持されているのです。

ほかにも、3 世代までクォークやレプトンがないと、近似計算の次の近似に相当する高次効果において異常発散（アノマリー）が起こり、方程式の整合性がうまくとれません。第 1 世代だけでは物理量は発散してしまうけれど、第 3 世代までを足し合わせると、ちょうどゼロになるといった具合です。これは素粒子論の整合性からの理論的要請です。

また、小林・益川理論でも、後述する「CP の破れ」を出すためには、3 世代 6 種類のクォークが必要であることを、理論的に予言していました。このことはB中間子のCPの破れに現れることを、日本のKEK（高エネルギー加速器研究機構）のBelle実験と、米国のSLAC国立加速器研究所のBaBar実験がそれぞれ独立に検証し、小林・益川両氏に、2008年ノーベル物理学賞が与えられたことは前述したとおりです。

## ●なぜクォークとグルーオンには色が付いている？

クォークについては、「色が付いている」といいます。これは何でしょうか。

もちろん、クォークに本当に色が付いているわけではありません。これも「世代」と同じで、対称性からつけられた区別なのです。

クォークには「強い力」が働いていると説明しました。この「強い力」にも３種類あることがわかり、それを３世代ではなく、「R・G・B」の３色（色荷）として区別したのです。ご存知のように、R、G、Bをかけ合わせると「白」になります。そこで、この白の状態、つまり無色の状態を、陽子や中性子が実現できる状態と考えることにしたわけです。

クォークだけでなく、ゲージ粒子のグルーオンにも色が付いているのはどういうことでしょうか。

電子などのレプトンの間には、強い力は働きません。クォークの間に働く「強い力」はグルーオンを媒介することにより生じる力です。

粒子には「反粒子」が存在し、質量などは同じですが、電磁気の電荷など量子数が逆となっています。これはすでに何度も出てきましたが、ディラック方程式において、電子（$e^-$）だけでな

⊕ 6-4-2 クォークの3色

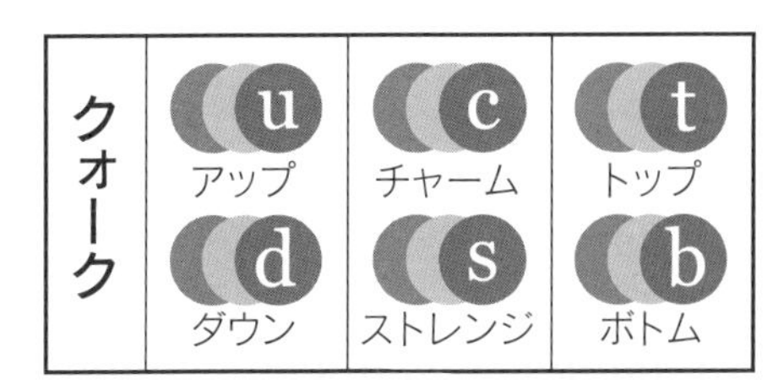


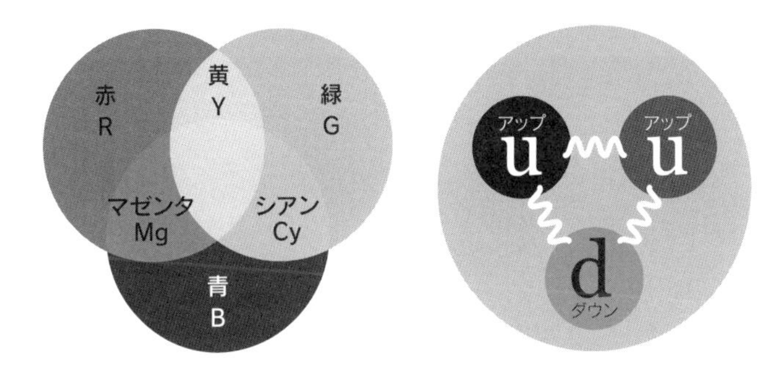


く、$e^{+}$の電荷をもつ粒子（正の電子なので「陽電子」）の解も理論的に含まれることから、ディラックによって、反粒子の存在が予言されました。実際、1931 年には宇宙線から陽電子が発見されたことから「反粒子」の存在が確認されました。

その後も次々と反粒子の確認が行なわれた結果、現在では、すべての粒子に「反粒子」があるとされ、粒子と反粒子とが出会うと、消滅（対消滅）することがわかっています。光子やZ ボゾンなどは、自分自身が反粒子です。ニュートリノも、マヨラナ粒子（粒子と反粒子とが同一の中性フェルミ粒子）であるならば、自分自身が反粒子となります。

さて、なぜグルーオンにも色が付いているかということですが、クォークと反クォークが対消滅すると、グルーオンになり、このとき「**色荷（カラーチャージ）**」が保存されるので、両者の組み合わせの数だけ「グルーオン」が存在することになります。クォークにはR、G、Bの３つの状態があるので、３×３＝９通りですが、「白色」は力を運びません。９通りのうち、１通りがこの白色に対応します。このため、グルーオンは全部で８種類あることになります。

# 5 「陽子、中性子」とクォークの関係

## ●素粒子も崩壊する？

　クォークでできている陽子、中性子は私たちには非常になじみの深い物質で、ほぼ同じような質量で、原子核の中にいっしょに存在しているため、似た物質のように見えます。しかし、寿命に関してはまったく違います。中性子は原子核の中に入っていない場合は非常に短命で、890 秒程度（約 15 分）で崩壊し、陽子に変わります。

　中性子（939.6MeV）と陽子（938.3MeV）の質量の差はわずかに 1.3MeV にすぎません。少しだけ重い中性子（n）は陽子（$p^+$）に壊れ、そのとき、高エネルギーの電子（$e^-$）と反電子ニュートリノ（$\overline{\nu}_e$）を出します。

$$n \rightarrow p + e^- + \overline{\nu}_e$$

　では、その逆に「陽子が崩壊すると中性子になるか」というと、「逆は真ならず」で、陽子は中性子よりも軽いため、陽子が壊れても中性子になることはありません。そもそも陽子は $10^{33}$ 年以上の寿命があり、ほとんど安定（無限の命）と考えて差し支えありません。

⊕ 6-5-1 中性子の崩壊

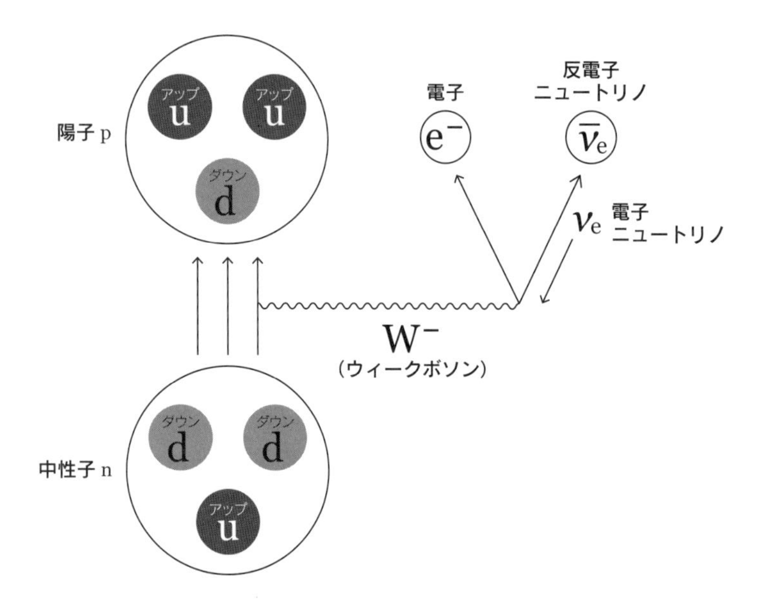


上の図は「**ファインマンダイアグラム**」と呼ばれるものです。中性子（n）から陽子（p）に向かって３本の線が出ているのは、クォークが３つあるという意味です。３つのクォークのうちの１つに$W^-$ボソン（ウィークボソン）というのがくっついていて、その後、電子（$e^-$）と反電子ニュートリノ（$\overline{\nu}_e$）を出します。

反電子ニュートリノを表わすために、電子ニュートリノの矢印が逆向きになっていますが、これは「粒子が逆向きに走ると、反粒子になる」という意味です。

こうして中性子はわずか890秒くらいで崩壊してしまうのです。素粒子だと思っていた中性子が崩壊する。それにはどういう意味があるのでしょうか。

中性子の場合、弱い相互作用により、このダウンクォークがアップクォークに崩壊し、その結果として電子と反電子ニュートリノを出すと考えると、うまく辻褄が合います。それが前ページで示した「中性子の崩壊」のよりミクロな理解です。

いま中性子（n）が陽子（p）と電子（$e^-$）と反ニュートリノ（$\bar{\nu}_e$）に壊れるといいました。

$$
\begin{array}{ccccccc}
n & \rightarrow & p & + & e^- & + & \bar{\nu}_e \\
0 & & 1 & & -1 & & 0
\end{array}
$$

電荷を見ると、中性子の電荷は0で間違いありません。そして、これまでは陽子＝＋１、電子＝－１、反ニュートリノ＝0で辻褄が合う、と解釈していたのです。

## ●クォークの電荷は「分数」のほうが辻褄が合う

これ自体は、決して間違いではないのですが、クォークモデル（217ページ）では、より精密化されて、中性子を構成する素粒子のダウンクォーク（d）が「アップクォーク（u）、電子（$e^-$）、反ニュートリノ（$\bar{\nu}_e$）」に壊れるというクォーク描像（びょうぞう）での$\beta$崩壊が起こっていることがわかったのです。

$$
\begin{array}{ccccccc}
d & \rightarrow & u & + & e^- & + & \bar{\nu}_e \\
-1/3 & = & (2/3) & + & (-1) & &
\end{array}
$$

驚くべきことに、電荷は＋１や－１のような整数ではなく、分数のほうが非常に辻褄が合うことがわかりました。もちろん、バリオン数とレプトン数も保存しています。

アップクォーク（u）＝ 2/3
ダウンクォーク（d）＝− 1/3
電子　　　　　　　＝ 0

このように「クォークは分数の電荷をもつ」と考えると、うまくいくのです。ですから、中性子＝（udd）、陽子＝（uud）なので、

$$中性子＝（udd）= \frac{2}{3}+\left(-\frac{1}{3}\right)+\left(-\frac{1}{3}\right)=0$$

$$陽子＝（uud）= \frac{2}{3}+\frac{2}{3}+\left(-\frac{1}{3}\right)=+1$$

だからこそ、
陽子は「アップ、アップ、ダウン」
中性子は「アップ、ダウン、ダウン」
でできている、と解釈されたのです。現在、クォークの電荷が分数で表示されるのはこのためです。

これまで出てきたメソンであるパイ中間子にも、クォークモデルは当てはまります。反粒子の電磁気的な電荷は、粒子のそれと符号が逆であることに注意します。よって、$\pi^-$、$\pi^+$、$\pi^0$ の電磁気的な電荷は

$\pi^- = \bar{u} + d = -2/3 - 1/3 = -1$
$\pi^+ = u + \bar{d} = +2/3 + 1/3 = +1$
$\pi^0 = u + \bar{u} = +2/3 - 2/3 = 0$
$\pi^0 = d + \bar{d} = -1/3 + 1/3 = 0$

$\pi^0$ は混合状態のため、上記のように２つのケースがありますが、いずれにせよ、電荷は０です。バリオン数という意味でも、

クォーク＋反クォークで、バリオン数は0となります。メソンの崩壊や生成過程では、正味のバリオンはなくてもよいのです。

## ●ゲルマンに先がけた「坂田理論」

ところで、陽子が「アップクォーク（u）、アップクォーク（u）、ダウンクォーク（d）」の２種類、３個のクォークでつくられている」と説明したのはマレー・ゲルマンたちでした。これを**クォークモデル**といいます。

陽子＝u＋u＋d

しかしそれよりも早く、名古屋大学のグループが考案したものとして**坂田モデル**があり、いわばゲルマンらのクォークモデルの先がけとなるものでした。「坂田」とは坂田昌一（1911年～1970年）のことで、湯川秀樹、朝永振一郎とともに日本の素粒子物理学をリードしたことで知られる素粒子物理学の研究者です。

そして坂田モデルとは、「陽子、中性子、ラムダ粒子の３つが基本粒子であると考えると、実験を非常にうまく説明できる」という画期的なアイデアに基づくモデルです。ゲルマンのように、より小さな素粒子「クォーク」を提案したわけではありませんでしたが、ラムダ粒子（バリオン）自体に、ストレンジクォークの役割を付与したのです。こうして、それまでの多くの実験事実を説明できる点において、クォークモデルと似たような解釈を与えます。

しかし、ハドロン実験の中には、坂田モデルでは説明できないものもあり、結局はクォークモデルのほうが正しいという結論に至るわけですが、我々は素粒子研究における、こうした坂田昌一が率いた名古屋大学のグループの功績を誇りに思います。

Coffee Break

## 素粒子メモ── MeV とkg を変換計算してみる

私たち素粒子や宇宙論の研究者はeV を使って温度や重量を表わすことが多いのです。これまでも紹介してきましたが、それで表示すると、

電子の重さ$m_e$ = 0.511MeV

陽子の重さ$m_p$ = 938MeV ≒1GeV

中性子 $m_n$ = 940MeV ≒1GeV

で、電子の重さは陽子や中性子に比べて無視できるほど小さく、陽子と中性子とはほとんど同じ重さですが、若干、中性子のほうが重いことがわかっています。

ただ、eV ではわかりにくいでしょうから、質量に換算してみると、

（1eV を質量に変換） $1\text{eV} = 1.78 \times 10^{-36}\text{kg}$

であり、$\text{MeV} = 10^6\text{eV}$ だったので、ざっくり計算すると、

電子の重さ$m_e = 0.511\text{MeV} = 0.511 \times 10^6\text{eV} \sim 1 \times 10^{-30}\text{kg}$

陽子の重さ$m_p = 938\text{MeV} = 0.238\text{GeV} \sim 2 \times 10^{-27}\text{kg}$

中性子の重さ$m_n = 940\text{MeV} = 0.940\text{GeV} \sim 2 \times 10^{-27}\text{kg}$

中性子と陽子の重さの差 $\Delta m = 1.3\ \text{MeV} \sim 2 \times 10^{-30}\text{kg}$

となります。ただ、日常見慣れている「kg 表示」をすると指数がいっぱい付いてしまい、余計にわかりにくいので、MeV などを利用することが多くなっています。

# 6 “神の粒子”ヒッグス

## ●ヒッグス粒子の発見

「**ヒッグス粒子**」は素粒子の「標準モデル」（図6-3-1）の図表の中でも、かなり端のほうに単独で表示されています。この素粒子はどのようにして発見され、どう検証されたのでしょうか。

ヒッグス粒子は、2012年にヨーロッパ（スイス）にあるCERNの加速器LHCで発見されたばかりの一番新しい素粒子です。

高エネルギーの陽子同士を衝突させると、陽子を形成するクォーク同士の衝突が起き、途中に仮想的な２つのウィークボソン（$W^{\pm}$など）がつくられます。さらに、そのウィークボソン同士が衝突すると、そこに「未知の粒子」ができたというのです。この未知の粒子が、通常どおりのようにボトムクォーク対に崩壊せず、1/1000の確率というごく稀な２つの光子を出して崩壊したことを検出したため、ヒッグス粒子であると、特定されました。

2012年７月、この「未知の粒子」の質量を調べていたところ、グラフ上にポコッとコブ状の印が生まれました。もしヒッグス粒子がなければ、グラフの曲線はスムーズにつながるはずです。それがなぜか、イベントの数が上がっているのです。イベントとい

⊕ 6-6-1 ヒッグス実験のイメージ図
（出所：CMS / CERN）

⊕ 6-6-2 ヒッグス粒子の存在を確定したグラフ

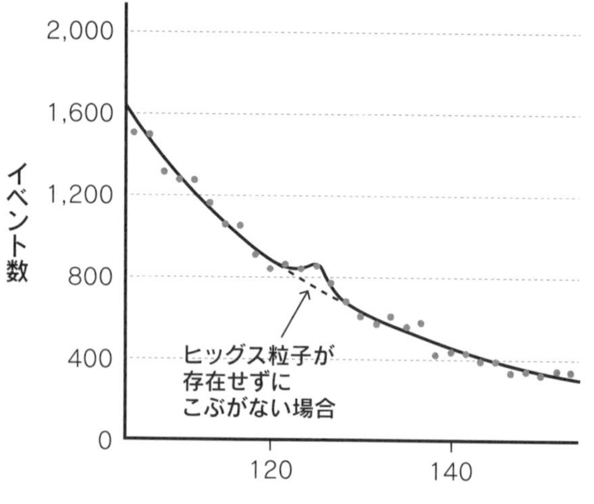

うのは、その光子を見つけたときの数のことです。ここはグラフでもわかるように、126GeVあたりで、このコブを見つけたことによって、ヒッグス粒子の存在が確認されました。

この曲線の点線からコブが偶然できる確率はとても低く、統計学では5σ離れている、きわめて珍しい事象です（つまり、偶然ではあり得ないような事象）。

σとは標準偏差のことです。平均である偏差値50から、1σ離れる事象は偏差値60のことで、32%の確率で起きます。2σになると偏差値70で5%の確率でしか起きません。ビジネスで使う統計学では、ここが1つの分岐点になっています。

3σとなると、さらに偏差値80で0.3%の確率となり、4σは偏差値90で約0.01%です。そうやっていくと、5σ離れる偏差値100である事象が起こる確率は約0.0001%程度です。

こうなると、「コブは偶然できたのではなく、ヒッグス粒子の存在のせいでできたとする確率が99.9999%であり、その存在が確認された」という意味です。

しかも、これは1つのチームの検証結果ではなく、ATLAS（＝A Toroidal LHC Apparatus）とCMS（Compact Muon Solenoid）の2チームがそれぞれ独立に検証しました（確率的にはさらに上がる）。

こうして2013年3月には、前年の7月よりもデータ量を2.5倍にした結果も同様であり、「ヒッグス粒子であることを強く示唆している」ということで世紀の発表となったわけです。

## ●「いまいましい」ヒッグス粒子がついに発見

**ヒッグス粒子**――それは17番目の最後の素粒子の発見です。ヒッグス粒子には、物質を形づくったり（クォークやレプトン）、それらを結びつける力であったり（ゲージ粒子）という役割はありません。ヒッグス粒子は少し変わった素粒子で、「他の素粒子の重さを決めている粒子」なのです。

2012年にヨーロッパにあるCERNの大型ハドロン衝突型加速器を用いて発見され、翌2013年には早くもイギリスのピーター・ヒッグス（1929〜）博士はノーベル物理学賞を受賞しました。

ヒッグスの質量は、正確には約126GeVです。これは、水素原子の重さの約134倍に相当します。

⊕ 6-6-3 ヒッグス粒子を発見したCERNのLHC
（出所：CERN）

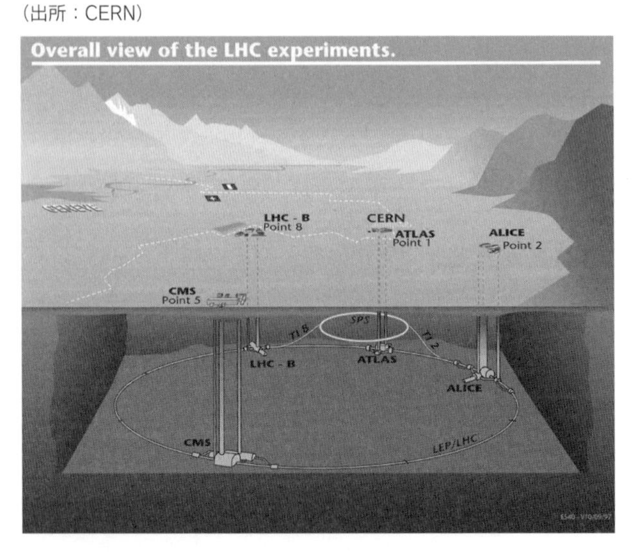

$126\text{GeV} \fallingdotseq 2.24 \times 10^{-25}\text{kg}$

1964年にヒッグス氏が提唱して以来、なんと半世紀もの間、発見できなかった最後の素粒子です。

待ちわびた素粒子だけに、ヒッグス粒子には偉大なネーミングが付けられています。すべての粒子に質量を与えるという意味で、「**神の粒子**＝ゴッド・パーティクル（God particle）」と呼ばれているのです。ただ、本当はアメリカの実験物理学者のレオン＝レーダーマンが「いまいましい粒子だ（ガッダム・パーティクル：goddamn particle）」と呼んだのを、編集者サイドで却下して「ゴッド・パーティクル」と直したとか、「ゴッド・パーティクル」と聞き違えたなど、いろいろなエピソードが伝わっています。

この他にも「ワイン・ボトル・ボソン」という呼称もヒッグス粒子にはあります。ヒッグス場のポテンシャルエネルギーの形が、ワインのボトルの底のような形に似ているところから付けられたものです。

# 7 ヒッグス場はワインボトルで考える

## ●ヒッグス場の真空

次の図を見るとわかるように、ヒッグス場のポテンシャルエネルギーの形は、たしかにワインボトルの底のような図です。宇宙初期で、温度が100GeV（1000兆度）よりずっと高い宇宙初期には、ヒッグス場はこの山の上にいるようなものです（左上の図）。

これは、「ヒッグス粒子の質量である126GeVよりさらに高い温度の時期の真空の状態」という意味であり、温度があまりに高いせいで、ヒッグスのポテンシャルエネルギーが変形を受ける効果により、そうした山の上に押し上げられてしまうのです。

この原点、つまり場の値 $\phi=0$ が、温度が高いときの、「**ヒッグス場の真空**」と呼ばれる場所なのです。この場合、真空の場の期待値はゼロ（$\langle \phi \rangle = 0$ と表わす）ということを意味します。$\phi$ に括弧＜＞をつけるのは、ヒッグス場がその値で止まっていることを意味する、期待値のことを表わします。

温度が100GeV近くに下がってきて、温度が高い時期の効果がなくなると、やがてヒッグス場はワインボトルのどこかに落ちていきます。原点から見ると、ヒッグス場のポテンシャルの形は、どの方向を向いても違いはありません。

⊕ 6-7-1 ワインボトルの底

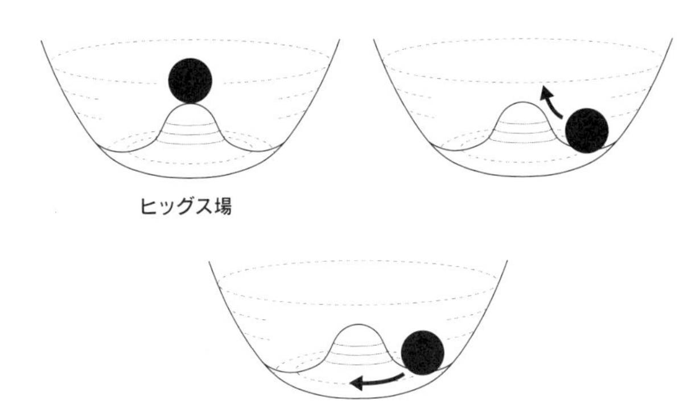


ヒッグス場が山の頂上に乗っているとき、ポテンシャルエネルギーの形は、どこの方向に向かっても、下の面に対して垂直な軸に対して対称になっています。

けれども、宇宙の温度が下がってくると、ヒッグス場は頂上よりもどこかに降りたほうがエネルギー的に得になり、下に落ちていくわけです。このとき、この宇宙が一つ存在するということは、この宇宙は、ワインボトルの底のどこかの地点を一つだけ選んでしまったことになります。

標準理論では、ヒッグス場のポテンシャルエネルギーは、ワインボトルの底をぐるっと回る円を実現できるのであれば、その理論の対称性は破れません。しかし、この宇宙は一つしか存在しませんので、一つの場所が選ばれてしまい、対称ではなくなります。このことは「宇宙が対称性を自発的に破ってしまった」ということから、「**自発的対称性の破れ**」と呼ばれています。

原点にいれば、ヒッグス場の値はゼロでした。ゼロを起点として、どちらの方向にも対称だったわけです。しかし、温度が下がり、場の値がゼロではない値をとってしまいました。そこが新たな真空となったのです。その真空から周りを見回しても、対称になっていません。これが対称性が破れたという状態です。別の言い方をすれば、ヒッグス場の「**真空の相転移**」とも呼ばれています。

このヒッグス場の「真空の相転移」から、電子などのフェルミ粒子とウィークボソンが質量をもったのです（電子や陽子に質量が与えられるメカニズムについては「付録」を参照）。

# 8 ヒッグス粒子は神の子ではなかった？

## ●「登りにくさ」が質量になる

次の図を見ると、ヒッグス粒子はいまボトルの底辺にいますが、ヒッグス粒子自身も質量をここでもらったことになります。

質量というのは、図の「ポテンシャルの曲がり具合（縁）」のことです。こんな縁にいる人は原点に向かって登ろうとしても、登れません。絵で見ても登りにくそうな縁をしています。その「動きにくさ」のことを**質量**というのです。

図の状態を式で書いてみるとどうなるでしょうか。ヒッグス粒子の質量を$m_{\phi}$、ヒッグス場のポテンシャルを$V$とすると、曲が

⊕ 6-8-1 ここにヒッグス粒子がいる！

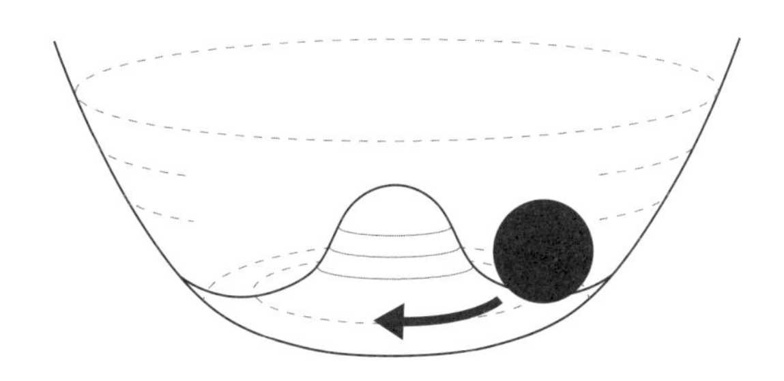

り具合というのは、その $\phi$ の点における、2階微分で表わされます。つまり、

$$m_\phi{}^2 = \frac{d^2V}{d\phi^2} \cdots①$$

です。1階微分だと、ただの「傾きなのですが、2階微分は「傾きの傾き」なので、「曲がり具合」を表わすことになります。

よく見ると、このボトルの底の円に沿った方向には、曲がり具合はありません。つまり質量がありません。フラットです。これは「質量のない粒子」であり、2008年にノーベル物理学賞を受賞した南部陽一郎（1921～2015）さんが予言したもので、「**南部 - ゴールドストーンボソン**と呼ばれるものです。

ところが、質量がない粒子の自由度を、W ボソン（$W^+$ボソン、$W^-$ボソン）やZ ボソンが食べてしまう（吸収してしまう）のです。その結果、W ボソンとZ ボソンも質量を獲得することになります。

これは、W ボソンもヒッグス場と結合しているからです。それまで質量のなかったW ボソンが、質量のない南部 - ゴールドストーンボソンと混ざった結果、ヒッグス場の期待値ぐらいの質量をもつというメカニズムなのです。

⊕ 6-8-2 全部食べてしまう？

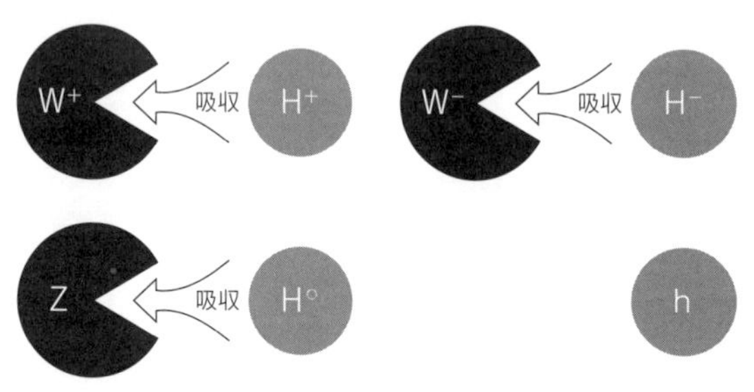

## ●ヒッグス機構でWボソン、Zボソンにも質量が

ヒッグス場が期待値をもったために、WボソンやZボソンも質量をもつことができました。このメカニズムのことを「**ヒッグス機構**」といいます。

このような理由で、ヒッグス場というのは、

①フェルミ粒子に質量を与える

②ヒッグス粒子自身が質量をもつ

③WボソンやZボソンに質量を与える（$W^{\pm}$ボソンの質量は約80GeV、Zボソンの質量は約92GeV）

という役割をもつのです。

ところで、ヒッグス粒子は電子には質量を与えていても、電子と同じレプトンの仲間であるニュートリノには質量を与えていないことになっています。

このために、ニュートリノはかつて「質量はゼロ」といわれていました。ところが1998年、大気ニュートリノにおける**ニュートリノ振動**の発見において、「質量がある」ことが報告されています。ただし、その質量はヒッグス粒子が与えたかどうかはわかっておらず、その起源はわかっていません。

このように考えていくと、ヒッグス粒子は質量に関して、必ずしも「神の粒子＝万能」ではないようです。

| フェルミオン | 記号 | 質量 |
|---|---|---|
| 第1世代 | | |
| 電子ニュートリノ | $\nu_e$ | < 2.5eV |
| 反電子ニュートリノ | $\overline{\nu}_e$ | < 2.5eV |
| 第2世代 | | |
| ミューニュートリノ | $\nu_\mu$ | < 170keV |
| 反ミューニュートリノ | $\overline{\nu}_\mu$ | < 170keV |
| 第3世代 | | |
| タウニュートリノ | $\nu_\tau$ | < 18MeV |
| 反タウニュートリノ | $\overline{\nu}_\tau$ | < 18MeV |

⊕ 6-8-3 ニュートリノの3世代

# 9 超対称性粒子とはなにか？

## ●素粒子にはパートナーがいる？

ここまでお話ししてきた「素粒子」とは、クォーク（6 種類）、レプトン（6 種類）、ゲージ粒子（4 種類）、そしてヒッグス粒子の 17 種類のことでした。

これら 17 種類をスタンダードな素粒子とすると、これら素粒子に「**パートナー**」が存在すると考えるのが「**超対称性**」（スージー：SUSY = Sypersymmetry）にもとづく「**超対称性理論**」です。そして、そのパートナーを「**超対称性パートナー**」（スーパーパートナー）と呼びます。

超対称性理論は、次の 2 点において、「標準理論を包含する新しい魅力的な理論」と考えられています。

①ヒッグス質量の計算における発散を、超対称パートナーの寄与（同じ大きさで逆符号）により相殺する。

②大統一理論をより成功させる。

ここで、②は、前にも紹介しました。①は、標準理論では解決しない問題です。超対称性理論では、高次の補正項も超対称化され、標準理論の対応する高次の補正項と符号が逆向きという性質があります。このため、高次補正項の発散をなくしてくれるのです。

超対称性が完璧な対称性をもつなら、電子やクォークと質量が同じ素粒子のパートナー（超対称性パートナー）が発見されていてもよいはずです。しかし、いまだに軽い電子の超対称性パートナーですら発見されていないため、「この対称性は破れている」と予想されています。

超対称性が破れていても、ヒッグス粒子の質量の発散に影響しない程度の破れ度合いでなければならないのです。そのためには、あらゆる超対称性粒子の質量は、ヒッグス粒子ぐらいか、それ以下でなければなりません。典型的には、100GeVから1TeV（＝1000GeV）ぐらいの質量をもっていることが自然とされています。

しかし、現在のLHC実験などでTeVのスケールで超対称性パートナー探しが続けられていますが、未だに超対称性粒子は1つも発見されていません。もしかすると、超対称性理論の破れのエネルギースケールは、10TeVよりはるかに大きく、LHCでさえ見つけられないのかもしれません。

その場合、①で説明したヒッグス質量の発散の問題の解決は、自然であるとは言えないかもしれません。10TeV以上の高次補正の寄与が相殺しあって、126GeVのヒッグス質量を安定にさせているという解釈となっています。

最後に、観測から決まる、ダークマターの存在量を説明できるという、利点があることも紹介します。宇宙初期の標準理論の粒子達のプラズマ中での散乱により、対生成される可能性についてです。宇宙初期には対生成と、対消滅が釣り合っています。これまでにも出てきたシナリオですが、そのうちに宇宙膨張に勝てなくなって、フリーズアウトするという考え方を使います。その場合、質量が数100GeVから数TeVほどの超対称性粒子が媒介するような対消滅や対生成の場合に、見事に観測量を説明するのです。この場合、弱い相互作用の力と同じオーダーの力であることを意味しますので、そのダークマターをWIMP（Weakly Interacting Massive Particle）と呼びます。前述したように、超対称性粒子の質量は、自然に数100GeVから数TeVが期待されているので、観測量を不定性もなく説明します。そのため、WIMPミラクルと呼ばれ、微調整の少ない魅力的な理論であると期待されています。

## ●超対称性とはなにか？

素粒子はそれぞれ固有のスピンをもち、スピンが整数のタイプと、スピンが1/2のような半整数（分数）のタイプがあるといいました（6章3）。そして、

・整数のタイプ……ボース粒子（あるいはボソン、ボゾン）
・半整数のタイプ……フェルミ粒子

でした。

超対称性とは、この「ボース粒子とフェルミ粒子を入れ替える」対称性なのです。簡単に言うと、標準理論に現れる粒子のスピンから1/2を引けば、超対称性パートナーのスピンになります。例外はヒッグス粒子の超対称性パートナーである「ヒグシーノ」です。ヒッグス粒子のスピン（0）から1/2を引けば－1/2です。しかし、スピンは絶対値が重要なので、ヒグシーノのスピンは1/2となります。つまりフェルミ粒子です。

ちなみに、超対称性理論では、ヒッグス粒子は1種類ではなく、2種類あります。成分としては2重項でしたので、上と下で2つ

あるため、4つとなります。直感的には、粒子が2倍に増えたので、質量を与えるためにヒッグスも2倍必要になったという理解でもかまいません。また、スピン2であると紹介してきたグラビトンの超対称性パートナーは、スピン3/2のグラビティーノです。

## ●光子のパートナーがダークマター？

この超対称性粒子の中での注目は、「**ニュートラリーノ**」です。ゲージ粒子の超対称粒子は「ゲージーノ」と呼ばれるもので、中

⊕ 6-9-1 超対称性理論のパートナー

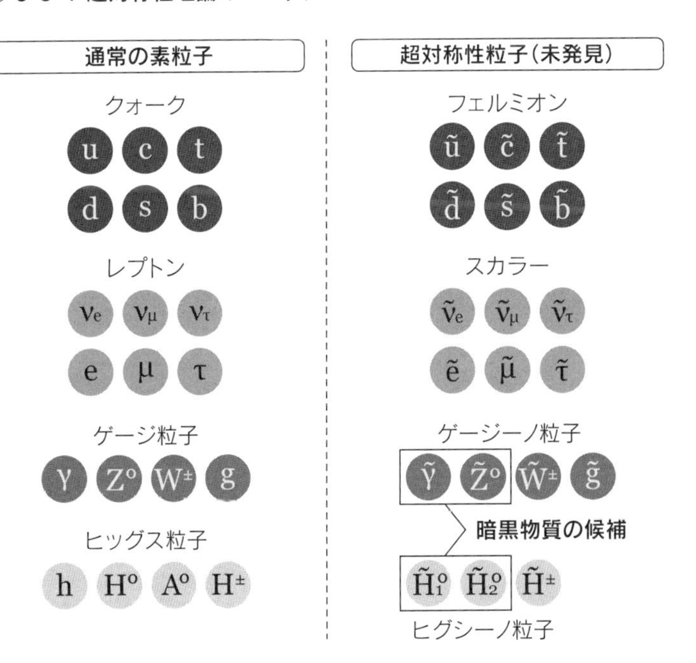

でも光子（フォトンγ）、中性ウィークボソン $W^0$（ワインバーグ-サラム相転移後は $Z^0$）、2つのヒッグス粒子に対するそれぞれの超対称性パートナーは「ニュートラリーノ」と呼ばれます。つまり、ニュートラリーノは4つあることになります。

このニュートラリーノの一番軽いものこそ、ダークマターの候補になりえます。超対称性粒子が崩壊するとき、必ず超対称性粒子を伴って崩壊しなさいという、**R-パリティ保存の法則**というものがあります。このR-パリティ保存の法則のおかげで、一番軽いニュートラリーノは安定になり、その質量は数100GeV～1TeVと期待されています。

そのため、一番軽いニュートラリーノは安定であり、前述のWIMPミラクルにより、ダークマターの存在量を見事に説明するのです。もちろん、現段階ではあくまでも「候補」にすぎません。現在、スイス・ジュネーブのCERNの加速器LHCなどで、加速器からつくられる超対称性粒子探しが驚くべき精度で続けられていますが、まだ発見されてはいません。

7章

# 「超弦理論」が宇宙の謎を解き明かす

# 超弦理論はなぜ必要とされるのか？

「素粒子」という言葉から考えると、それは「万物のおおもとなので、当然、「素粒子＝１つ」というイメージがあります。しかし、６章でも見てきたように、「標準理論」の範囲内だけでも17種類の素粒子がありました。もしダークマターなどを構成するものが現在知られていない「未知の素粒子」からできているとすると、さらに素粒子の数が増えていくことになります。そうすると、「おおもとの素粒子がそんなに多くてもよいのか？」という素朴な疑問が出てきます。

そこに救世主が現れようとしています。「力の統一」の面から考えたとき、それらの難問を一挙に解決できるものと期待されているのが「**超弦理論**（Superstring theory）です。**スーパーストリング理論**とか、「**超ひも理論**」と呼ばれることもあります。

## ●「ひも」が振動して素粒子をつくる？

超弦理論を一言でいうと、「**弦**（ひも）の振動の異なるものは、それぞれ別々の素粒子を表わす」というものです。結局、17種類（あるいはそれ以上）もの多数の素粒子があるように見えるけれども、ひもが１回波打っているのか、２回波打っているのか、波

⊕ 7-1-1 弦（ひも）には閉じていないもの、閉じたものの2種類がある（円）

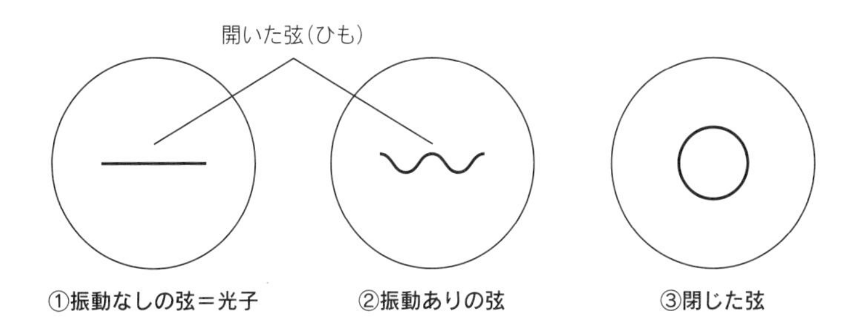


打っていないのか、その違いで素粒子が変わるという考えです。

いま、図の①や②のように「開いている弦（ひも状）」、③の「閉じている弦（円形）」の２種類があります。そして、振動が激しいほどエネルギーが大きく、質量も増加します。

たとえば、開いた弦で振動していない①は光子を表わすと考えましょう。振動していないので、質量は０と考えましょう。しかし、振動すればするほど、その素粒子の質量は大きくなっていくと考えます。

③の閉じた弦は**重力子（グラビトン）**を含むと期待されています。重力子は４つの力のうち、重力を媒介するゲージ粒子として期待されている粒子ですが、重力子は未発見です。

なぜ、素粒子のおおもとを弦やひもとして考えると、都合がいいのでしょうか。

素粒子のように小さい世界を見るということは、スケールを下げながら見ていくわけです。すると最後は「点」になってしまい、物理量は発散します。前に、宇宙が「無（０）」の１点から始まるとすると、物理学で扱えないといいましたが、それと似たようなものです。

⊕ 7-1-2 原点に向かうほど発散する

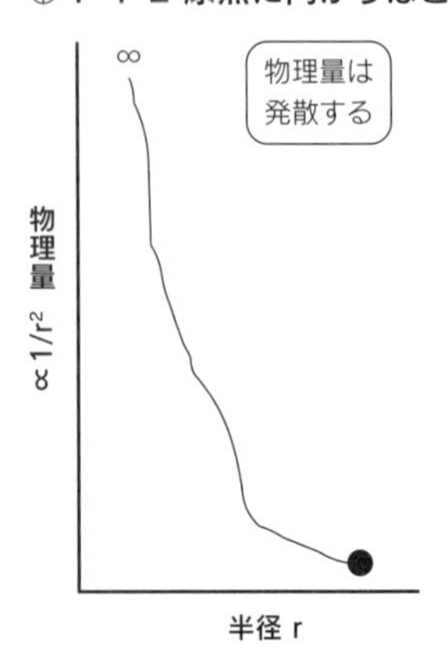


たとえば次のグラフのように、横軸が半径 $r$、縦軸が半径 $1/r^2$ のような振る舞いをする物理量は1点に縮めていくと、$1/r^2$ は分母がゼロに収束し、結果として無限大になってしまいます。

## ● $10^{-35}$mの究極単位のひも

このように「点の粒子（＝0次元）」であれば困る事態が発生します。

けれども、もし「弦」のような1次元の「長さのあるもの」だとすれば、発散をしないですみます。どんなに小さくしていっても1点に縮むことなく、発散することはありません。

そこで、素粒子を点ではなく、「$10^{-35}$ mの最小単位（**プランク長***）の弦」で考えてしまおう、というのが「**弦理論**」のアイデアです。

弦理論は1970年くらいに南部陽一郎などが提案したもので、さらに1975年くらいに「**超弦理論**」として再登場します。弦理論に「超」の文字を付け加えたのは、「超対称性をもつ『弦理論』」という意味を付け加えたものです。

このため、現在では超弦理論と弦理論とをまったく同じ意味で使うこともありますが、本来、超弦理論は弦理論の発展したものであり、その特徴は「超対称性をもつ弦理論」ということになります。

⊕ 7-1-3 超弦理論と弦理論の関係

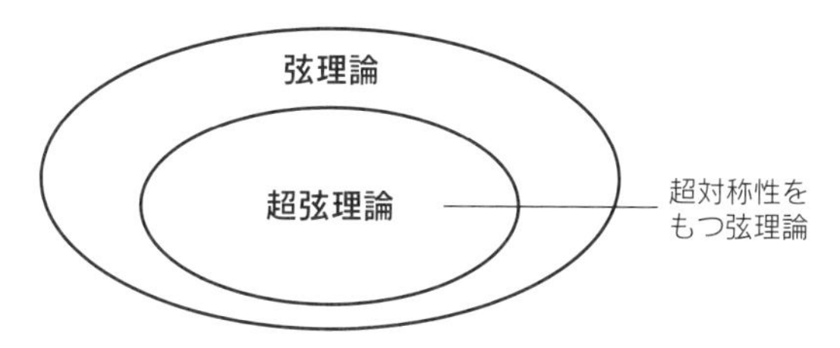


＊プランク長 … 1.616229(38) × $10^{-35}$ mという極小の長さ。量子力学の不確定性原理から「測定可能な最小時間」とされるのが「プランク時間（5.391 × $10^{-44}$ 秒）」で、その1プランク時間内に光が進める距離を「プランク長」という。

# 2 なぜ「9＋1」次元なのか？

## ●「9＋1」次元が一番都合がいい

　超弦理論における弦は０次元ではないため、発散しないというメリットはありますが、まだ、超弦理論が確認されたわけではありません。あくまでも仮説であり、しかも物理学でありながら、実験や観測がほとんどできない分野のため、「理論の整合性」から考えていく場合が多いのです。

　では、なぜ、検証ができない理論をわざわざ考えようとするのか、疑問に思うことでしょう。たしかに、物理学というのは、観測と理論が合致するから正しい、という形で検証されてきました。

　ところが、弦理論は違います。あまりにエネルギーが高すぎて実験できないのです。言葉を変えると、あまりにスケールが小さいため実験できないのです。こういう場合、われわれ理論物理学者は経験的に、

　　「物理の理論は美しい対称性をもっている」

と考えます。

　煙に巻いたような答ですが、実験や観測のできないような理論に対しては、「理論の整合性」だけから理論を構築していくことがあります。

超弦理論でいえば、超対称な弦理論として理論的な整合性をもたせるためには、空間を4次元で止めるのではなく、空間を9次元（時間軸の1次元を加えれば10次元）までもっていけば美しい（対称性の高い）理論になる。そんなふうに理論の中における整合性で研究を進めていくことがあります。

超弦理論で仮定するのは、「9次元の空間＋1次元の時間」です。10次元と呼ぶこともありますが、空間軸としては9次元です。このような「9＋1」次元のときのみ、超弦理論に出てくる対称性がうまくいきます。

## ●対称性とは

「対称性」とは、ある数学的な規則のもとに式を変換しても、「変換前と変換後の式は形が変わらない」ということを意味します。

例えば、後に詳しく述べる「**パリティの対称性**」について見てみましょう。いま、$y = x^2$ という式があったとします。この式に**パリティ変換**（P変換）と呼ばれる操作をしてみます。パリティ変換とは、$x$を（$-x$）に置き換えるという変換です。もう少し詳しくいうと、変換前を（$x, y$）とし、変換後の新しい座標を（$X, Y$）と書いたとします。わかりやすいように小文字を大文字に換えておきました。P変換では、$x = -X$を代入したものなので、

$$Y = x^2 = (-X)^2 = X^2$$

となり、新しい座標系（$X, Y$）においても、形が変わらないことになります。このような場合、$y = x^2$ は、パリティ変換について「不変」なので、「パリティの対称性をもつ」といいます。

実際に超弦理論で登場する方程式は $y = x^2$ のような式ではなく、非常に複雑なので式を示すことは避けますが、登場する数式

は、ローレンツ群や、SU（3）やU（1）やSU（2）などのさまざまな群が作用する方程式です。ですから、それらの式に対して「群の対称性」を課したとき、もし、式の形が「$y = x^2 \rightarrow Y = X^2$」のように不変であれば「理論は正しい」ことになり、その対称性の構造をもっているということができます。

そして、この超弦理論をつくって超対称性などの変換を課したとき、4次元時空では式が元に戻りません。つまり、対称性の弦理論を構築できないのです。空間が9次元のとき、式がうまく書けるようになりました。このような理由から、次元を「9＋1＝10次元」にしました。そうすると、数式上、都合がいいということであり、それは方程式の対称性からくる要請なのです。

「不変」のイメージをさらにもっていただくため、正確なものではありませんが、簡略化した例をあげると、次のような形で理解していただきましょう。

変換　不変

$$A^{\mu} B_{\mu} \quad \rightarrow \quad A'^{\mu} B'_{\mu}$$

このように、対称性からある変換をしたとき、式の変換前・変換後が「同じような形」になって変わらないとき、これを「不変」といいます。「9＋1＝10次元」を想定しているので、式の中の$A$や$B$についている$\mu$は、例えば0～9まで必要です。

変換　不変

$$A^{\mu} B_{\mu} \rightarrow A'^{\mu} B'_{\textcircled{\mu}}$$

↑

0,1,2,3,4,5,6,7,8,9

これが10次元（9＋1次元）の意味です。そして、最初の0を時間軸とすると、空間軸は1，2，3……，7，8，9の9つまでいって、ようやく不変になり、それ以外の５次元や６次元では不変にならなかった（式の形が変わってしまった）というようなことを指します。

## ●超弦理論だから説明できること

この超弦理論を使うことで、宇宙を無理なく説明できます。たとえば、この超弦理論を低エネルギーの世界（現在の宇宙）に適用したとき、なんと、「一般相対性理論」と「超重力理論（超対称重力理論）」を両方含んでいることが知られています。

重力理論を超対称化したときに、重力子（グラビトン、未発見）のパートナーであるグラビティーノ（未発見）が現れるのです。それが超対称重力理論、通称「**超重力理論**」と呼ばれているものです。

重力子（グラビトン）　←→　グラビティーノ

図のように、超弦理論は超重力理論を含み、そのなかには一般相対性理論と標準モデルとを含んでいる、という包含関係の構図になっています。

⊕ 7-2-1 超弦理論は「相対性理論」と「標準モデル」を包含する

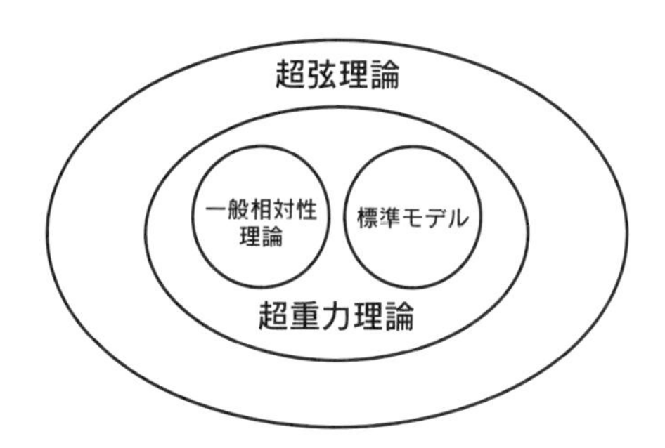

## ●超弦理論の5つのモデルとM理論

さて、超弦理論はその理論の整合性から「10次元に決まった！」と言いましたが、モデルは1つではなく、大きく分けて5つあります。

①Ⅰ型……………………………開いた弦と閉じた弦
②ⅡA型…………………………閉じた弦のみ
③ⅡB型…………………………閉じた弦のみ
④ヘテロSO（32）型……… 閉じた弦のみ
⑤ヘテロ$E_8 \times E_8$型…………閉じた弦のみ

②と③、そして④と⑤は似ているので、実際には「3タイプで5型」として分けることができます。

⊕ 7-2-3 超弦理論には「3タイプ、5つのモデル」がある

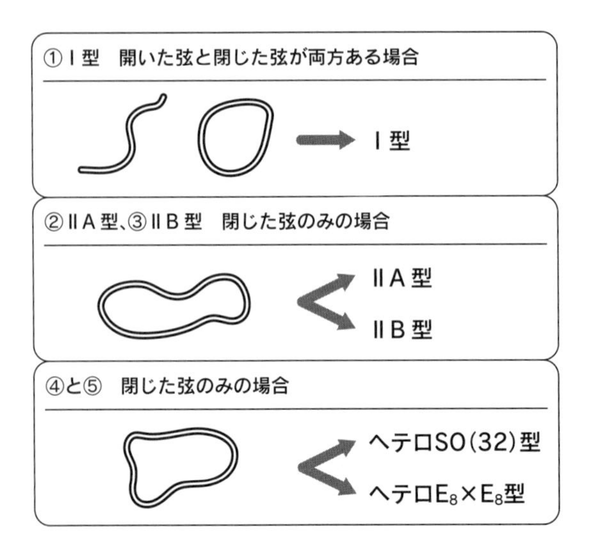

## ●5つのモデルを統合したM理論とは

これら5つのモデルの詳細は省きますが、(9次元+1次元)の10次元で見ると、それぞれは異なる理論と考えられていました。

ところが、もう1次元だけ空間次元を上げてみると、それら5つのモデルはすべて同じ理論であり、変換性で移り合うバージョンにすぎないとわかってきたのです。そこで、この5つのモデルを統一し、10次元から1次元拡張して11次元(10次元+1次元)にしたものを「**M理論**」といいます。

M理論は超弦理論の第一人者であるエドワード・ウィッテン(米:1951〜)が1995年に提唱したもので、彼は大学時代には歴史学、言語学、大学院では経済学、さらには数学などを勉強し、数学のノーベル賞といわれるフィールズ賞を受賞するなど、異色の経歴の理論物理学者です。

気になる「M」の意味ですが、ウィッテン自身は「マジック」「ミステリー」「メンブレーン(膜)」など、どれでもいいと煙に巻き、正確には答えていません。

# 3 膜宇宙は重力問題を解決するか

われわれの住む世界は4次元宇宙（3次元の空間＋1次元の時間）です。そして、現在提唱されているのが、10次元（9次元＋1次元）の超弦理論や11次元（10次元＋1次元）のM理論でした。

そうであれば、残りの6次元、あるいは7次元はどこにあるのでしょうか。どこに消えたのでしょうか。どう説明するのでしょうか。

## ●余剰次元が巻き取られている

その解答は、「余剰な次元は巻き取られている（折りたたまれている）、そのために見えない」と考えるのです。では、「次元が巻き取られている」とはどういうことでしょうか。

いま、とても長い土管があると考えてください。たとえば長さが10kmもある細い土管があるとしましょう。

土管は近くで見れば3次元の物体です。しかし、少し離れて土管の側面を眺めてみると、長方形に見えるはずです。これは2次元です。さらに1kmも離れた遠くから土管を眺めると、もはや「線」にしか見えないでしょう。つまり、1次元です。

⊕ 7-3-1 土管は3次元にも、2次元や1次元にも見える！

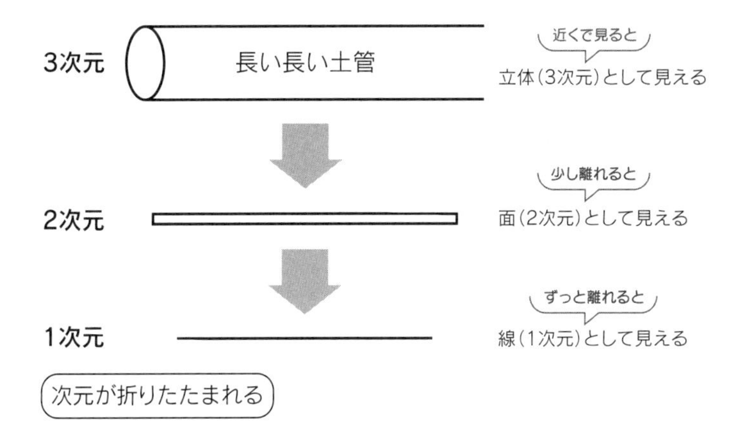


このように、本来は３次元という「高次元」のものであっても、見方によっては次元が低くなる、見えなくなる（折りたたまれる）次元が出てくるのです。これはわれわれ自身、日常的に経験していることです。

このからくりこそ、10次元の宇宙がわれわれには３次元空間にしか見えない理由の一つだ、と考えられています。

余分な次元（**余剰次元**）が巻き取られているならば、本当は9次元や10次元（M理論）の空間なのに３次元空間に見えても不思議ではない、というものです。距離のスケールを近くで見るということは、エネルギーのスケールでは高いエネルギーのスケールの世界を見ていることに相当します。

## ●ランドール、サンドラムが考えた余剰次元

そうはいっても、4次元と10次元の時空では、開きがありすぎ

ます。じつは、その中間を考えた研究者グループもいます。その一つがリサ・ランドール（米、1962～）とラマン・サンドラムが1999年に発表した「**ランドール・サンドラムのモデル**」の5次元宇宙（**歪んだ余剰次元**）です。そのほかにも、ニマ・アルカニハミドたちの考えた、例えば6次元宇宙（**大きな余剰次元**）という考え方もあります。それらは10次元時空から4次元時空に落ちてくるまでをつなぐヒントを与える理論ではなかろうかと考えられています。

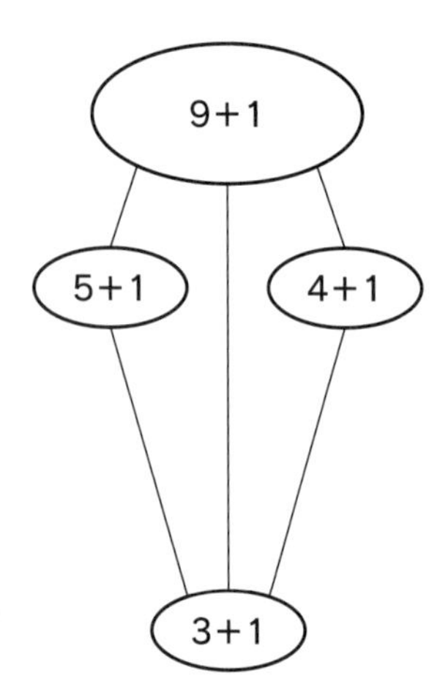


**⊕ 7-3-2 次元の落とし方はどうするか？**

つまり、超弦理論が唱える10次元宇宙と、ランドールらが唱える5次元宇宙とはまったく別の考え方ではなく、もし10次元宇宙が成立すれば、5次元宇宙や6次元宇宙は4次元宇宙になる途中に実現されたかもしれないと考えるのです。

ランドール・サンドラムのモデルを少し見ておきましょう。

いま、われわれは「3次元（空間軸）＋1次元（時間軸）＝4次元」の世界に住んでいます。では、「9＋1＝10次元」の世界から、どのようにしてわれわれの4次元の世界まで落ちてきたのか。

それを考えるとき、突然、「3＋1＝4次元」の世界になったと考えてもいいし、「5＋1＝6次元」の世界を経由してから「3＋1＝4次元」に来た、と考えてもいいわけです。

なぜ、そんな迂回的な考えをするのか。それは高次元宇宙を考えることで、物理学者をこれまで悩ませてきた「ある問題」への説明がつく可能性があることです。それは、「なぜ、われわれの世界では重力がここまで小さいのか」という深刻な問題へのヒントです。

## ●重力がなぜ小さいか、それを「膜宇宙」で説明できる

さて、ランドールとサンドラムの考えに立つと、「**ブレーン・ワールド**（Braneworld）」という概念が登場します。日本語でいうと「**膜宇宙**」です。

膜宇宙では「われわれの宇宙は10次元か、あるいは11次元（M理論）の高次元の宇宙に浮かぶ『4次元の膜』にすぎない」というのです。10次元、あるいは11次元という点では、やはり超弦理論を念頭においています。異なるのは「膜」という概念です。

いま、2つの膜宇宙があり、この2つの膜宇宙の間を行き来す

⊕ 7-3-3 重力は「膜宇宙」ごとに大きさが違うと考える

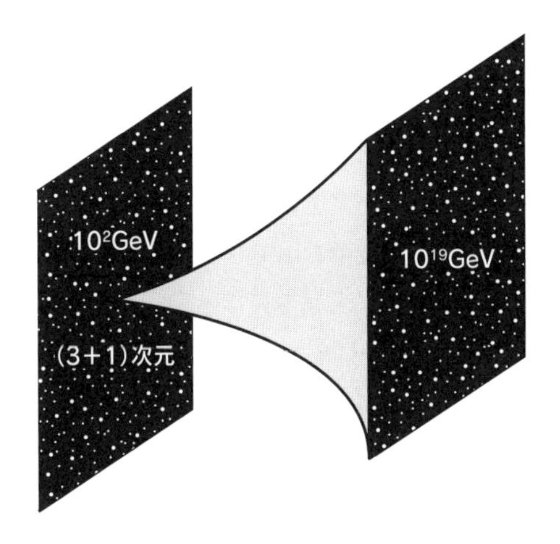

るとします。図 7-3-3 で、左の膜宇宙はわれわれの住んでいる 4 次元（3 + 1）の世界です。そこでは有効的なプランク定数は 100GeV になってしまっていると考えます。そして、右の膜宇宙では $10^{19}$GeV という、通常の巨大なプランク定数をもっているとします。その巨大なプランク定数が、われわれの住む 4 次元の世界に伝わってきたとき、両者をつなぐ空間が指数関数的に曲がっているせいで、100GeV の小さなエネルギースケールになった、と考えるのです。

重力は膜宇宙ごとに違っていてよく、我々の世界のプランク定数はウィークスケールとして知られる 100GeV だ――という考えです。

ランドール・サンドラムにより、そのもう一枚の膜宇宙すらないという理論も提唱されています。余剰次元方向の空間の曲がりだけが重要だという理論モデルです。こちらのほうが都合がよい場合が多いことが知られています。

この宇宙の時空が超弦理論がいうように、もともと 10 次元だと仮定しましょう。すると、4 次元というのは、左図の膜、つまり薄いペッタンコの膜にすぎず、われわれはこの膜に貼り付いて生きているだけだ、と考えるのです。

そして、これらのブレーン（膜）同士が衝突することで「ビッグバン」が生まれ、それによって熱い宇宙と冷たい宇宙とを繰り返すという異色のシナリオを描く研究者も出てきました。これはその後、「**サイクリック宇宙**」と呼ばれるようになる宇宙モデルのアイデアの一つです。

# 4 「CP対称性の破れ」とは?

## ●鏡に映しても同じかどうか?

KEK（高エネルギー加速器研究機構）では、「CP 対称性の破れ」というテーマを研究するためにベル（Belle）実験というものが実施されています。その実験のもととなっている理論が「小林・益川理論」です。素粒子の「標準理論」を補強する理論として広く知られています。

そこで「**CP 対称性の破れ**」とはいったい何なのか。まずは言葉の説明から入ってみましょう。以下の説明は専門的用語を控え、正確さを少し横に置き、簡略化して説明することにいたします。

まず、物理学では「対称性」を基準に考えます。対称性とは、感覚的にいうならば、ある線に対して「鏡に映しても同じ」のような状態という意味です。

そこで、「CP 対称性に基づく CP 変換をする」という意味は、粒子をCの鏡とPの鏡に映してみる、とイメージしてください。ある粒子をCの鏡に映したときの像を、その粒子の「C 変換された像」と呼びます。その鏡に映った像が元と同じ形であったなら、その粒子は「C について対称」だということにします。同様に、Pの鏡に映したとき（P 変換）、元の形と同じなら「P について対称」ということになります。

「CP 対称性の破れ」という場合は、「C の鏡と P の鏡とを連続して映した像は、元の像と違うものになっている」ということです。

## ●Cの鏡、Pの鏡とは何か？

では、具体的に C の鏡、P の鏡とはどういうものでしょうか。

**C 変換**、つまり C の鏡で変換するとは、簡単にいうと電気的な性質（電荷）の「＋と－」を入れ替えること（荷電共役変換という）をいいます。

それに対し、**P 変換**とは空間の「＋と－」の符号を逆にすることです。正確には「**パリティ変換**」と呼んでいます。1 次元だけであれば、本当に鏡の中の右と左が入れ替わった像のことです。

**C 変換**……電荷の「＋と－」を入れ替える変換

**P 変換**……$x$ 軸、$y$ 軸、$z$ 軸について、「原点」に対して入れ替える変換

C 変換で「おやっ」と気づいた人がいるかも知れませんが、以前、「反粒子」の話をしました。簡単にいうと、反粒子は質量などは同じですが、電荷の「＋と－」が逆になるような粒子です。電子 $e^-$ は電荷が負であるのに対し、その反粒子である陽電子 $e^+$ の電荷は正でした。これらの関係は、お互いに C 変換して移り変わったのと同じなのです。

わずか 50 年ほど前までは、素粒子の反応のプロセスは必ず、「CP の対称性を保存する」と考えられてきました。もし、本当に「CP の対称性を保存する」ならば、中性の K 中間子の一つである $K_L$ が崩壊するときは、3 つの $\pi$ 中間子をつくることが知られてい

ます。たとえば、

$$K_L \rightarrow \pi^+ + \pi^- + \pi^0$$

などです。$\pi$ 中間子のほうの符号は、それぞれの電荷を表わします。$K_L$ は長寿命のほうの中性のK中間子です。ケイロングと読みます。もう一つ、$K_S$ という短寿命のほうの中性のK中間子もいます。こちらはケイショートと読みます。ところが、$K_L$ の崩壊で、きわめて低い確率ですが、

$$K_L \rightarrow \pi^+ + \pi^-$$

となることが発見されました。終わりの状態に $\pi^0$ が一つ足りないですね。一つの $\pi^0$ についての、パリティ変換Pは、符号を変えることが知られています。C変換については、電荷がないため、変わりません。つまり、CP変換したら（－1）の符号だけ違うものになるわけで、そうしたCP変換の鏡には、$K_L$ 本来の自分とは違う物が映っているわけです。これを $K_L$ の「CP対称性の破れ」と呼んでいます。

「CP対称性の破れ」は、中性K中間子のような「弱い力」で崩壊するときに、ごく稀に起こることがわかりました。「強い力」や「電磁気力」を通して崩壊するケースでは起きません。

では、なぜそういうことが起きるのか。それを説明したのが、小林・益川理論です。彼らはクォークが2世代で3個しか知られていない時代に、「3世代で6個あれば、このCP対称性が破れる」ことに気づいたのです。

益川先生はお風呂の中でひらめいたということですから、アルキメデスの原理に近いエピソードです。

では、粒子が変身できる理由は何なのかというと、粒子をつ

くっている「クォーク」そのものが「他のクォーク」に変身できるからです。そのとき、もしクォークが第２世代（４個）までしかないと、変身の選択肢が少なく、CP 対称性の破れも起きません。それがもし第３世代（６個）まであれば、変身の選択肢も増え、CP 対称性の破れが起きます。こうしてCP 対称性の破れからクォークの数を推定し、後にそれらすべてのクォークが発見されました。

## ●C変換、P変換以外にも「T変換」があった

もう一つ、**T変換**というものもあります。これは「時間を反転させる」ことです。時間を逆戻ししても、理論に変わりがないとき、その理論は「時間反転に対しても対称だ」といえます。

**T変換**……時間を逆戻ししてみる

そして、C（電磁気的）、P（空間的）、T（時間的）の順番は問いませんが、この３つを連続的に変換すると、物理学で書かれている式は、すべて変わらないことがわかっています。

物理学は「対称性（変換性）」を調べる学問と言いましたが、結局、「その理論がどのような対称性（鏡）をもっているのか」ということです。

T変換、つまり時間を反転するというのは、「過去 ←→ 現在」というイメージです。いま、ボールを投げたところ、放物線の軌跡を描きますが、それは逆から投げても同じです。この場合、ニュートン力学は「時間反転に対して対称」といえるのです。

ところが、理論によっては時間反転が対称でない場合があります。時間を戻すと、異なる結果になる。その場合、「T変換に対

して、対称ではない」といいます。
そんな場合であっても、C、P、Tのすべてを反転させると、どんな理論であっても対称になります。物理学の美しさ、対称性という観点から理論を考えると、そのようなことがいえるのです。
ところが、「C変換、P変換の2変換だけをすると、変わってしまうものがある」という場合、「CPの対称性が破れている」といいます。

## ●いまの宇宙があるのは、「CP対称性の破れ」のおかげ！

C、P、Tの3つの対称性について述べてきましたが、結局、いったい何の話につながるのか——これがきわめて重要なのですが、
「CP対称性の破れがあったからこそ、いまの宇宙になれた」
「CP対称性の破れがあったからこそ、反粒子がこの世にはない」
という結論がいえるのです。
では、なぜ現在の宇宙の存在に関係してくるのか、それをバリオン数と反粒子に絡めて次項で説明してみましょう。

# 5 バリオン数と反粒子のふしぎ

宇宙には粒子（バリオン）が満ち満ちていますが、その反粒子（反バリオン）は極めて少ない量しか存在していません。しかし、場の量子論では反粒子の存在を予言しています。反粒子とは、簡単にいうとバリオンの反粒子のことで、反陽子などのことです。

本来であれば粒子（バリオン）、反粒子（反バリオン）とは同じ数だけあっていいはずなのに、どういうわけか、反粒子は見つかっていません。宇宙線が大気と衝突してくるか、加速器で人工的につくり出すかしないと、反粒子を見つけられないのです。いったい、過去の宇宙で何があったのでしょうか。

## ●バリオン数の破れとサハロフの３条件

反粒子が存在せず、粒子だけが存在する理由としては、「宇宙の進化の過程で両者の間に差が生じた」と考えるのが一番有力な説です。そして現在の粒子の量（バリオン数）が宇宙初期の進化の過程で生まれるためには、３つの条件が必要とされています（**サハロフの３条件**）。

①バリオン数を破る反応があること
② CP 変換とC 変換を破る反応があること

③上記の反応が熱平衡からズレて起こること

上の条件で、①は明らかです。バリオン数が破れていない理論では、正味のバリオン数は絶対につくられません。②は、粒子と反粒子の間に非対称がないといけない、ということを述べています。粒子と反粒子を入れ替える対称性は、Cの対称性（荷電共役変換の対称性）と呼ばれます。簡単にいうと、電子と陽電子の対称性のように、電荷を変えるような変換は粒子を反粒子にするという意味です。

「標準モデル」では粒子と反粒子の間の変換はC変換ではなく、CP変換ですから、CPも入れておくことにしています。Pの対称性はパリティ変換の対称性であり、空間を原点に対してひっくり返すという「鏡に映した像の対称性」です。最後の③は、バリオン数が破れている環境下で熱平衡になると、粒子と反粒子の数は同じになってしまうので、熱平衡からのズレが必要なのです。

では、なぜこの宇宙には粒子（バリオン）しか存在しないのか、反粒子はないのか、それをサハロフの３条件で考えていきましょう。

⊕ 7-5-1 バリオン数生成とサハロフの３条件

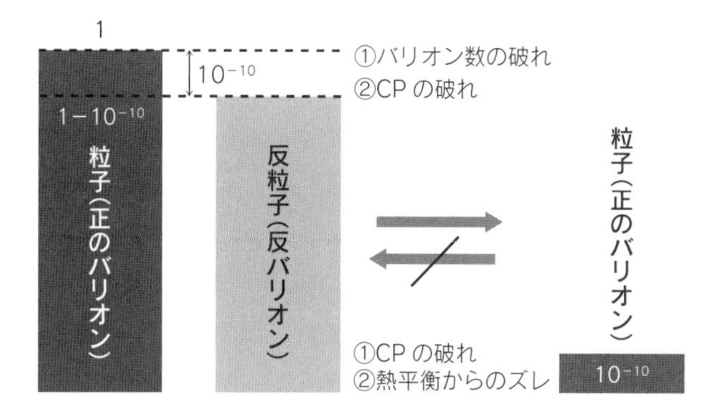

いま、粒子（正のバリオン）を考えます。これがいま「１」あったとします（図 7-5-1 の左端）。

ここでCP 変換をします。CP 変換とは「電荷を逆にすること」でしたから、「反粒子にしなさい」というのと同じです。

ところが、CP 変換で「粒子 → 反粒子」へと変えると、最初「１」あった粒子がほんの少し減っている。それも $10^{-10}$ というわずかな割合です。0.000… 1 %、100 億個に 1 個といった小さな分だけ少ないのです。

もし、CP の対称性が破れていなければ、粒子と反粒子とは同じ量だけ存在していないと不自然ですが、CP 対称性が破れていると、できる反粒子の量は、当然ながら少し変わってきます。このようなケースを「**バリオン非対称な宇宙**」と呼びます。

ここが重要で、もしこの反応が「逆の方向」にも戻ることができるならどうでしょうか。CP 変換とは「反粒子にしなさい」ということでした。そこでCP 変換をして「粒子→反粒子」「反粒子→粒子」へと変換が続くなら、粒子と反粒子の間の非対称は生まれるはずがありません。

## ●もはや新しい粒子、反粒子はつくられない

ということは「最初に少し差があったので、対消滅で正のバリオン数だけが残った」というだけではなく、「逆方向の反応も起こらなくなった」ということも証明したいところです。しかし、残念ながら、いまの宇宙では何十億年待っていても「反粒子はできない」状態にあります。なぜなら、宇宙が生まれた頃であれば、100GeV 以上という、超高温で粒子・反粒子が次々に生まれていましたが、3K まで宇宙の温度が下がると、もはや逆向きはあり

ません。そこで、サハロフの３条件の最後が、

③熱平衡からのズレ

というものです。

もし、入れ替えの反応が熱平衡であれば、当然、反応が「右→左」に戻ってもいいので、粒子と反粒子は両方対消滅でなくなっているか、いまでも両方残っているはずです。それが存在しないということは、熱平衡になっていないということに他なりません。

もし、CP が破れていると、図 7-5-1 の「右→左」（反粒子→粒子）の反応がなくなります。「右→左」の変換は、じつはT 変換のことです。物理学の法則では、CPT の３つを変換すると元に戻るけれども、宇宙はもはや、粒子・反粒子の生成・消滅については何も起こらない、ということです。

## ●未来永劫、CP 対称性は破れたまま……

もう一度、かんたんにまとめておくと、以下のようになります。

大昔の宇宙では、『粒子』も『反粒子』もほぼ同量あった。しかし、互いに衝突することで対消滅し、100 億個に 1 個の割合でわずかに多かった『粒子』だけが残った。それでも『粒子 ←→ 反粒子』の間で変換があれば、どこかで平衡状態になるので、『粒子』と『反粒子』の両方が消えるか、両方残っていいはずだった。粒子のみが残ったのはなぜか。それは宇宙が膨張し、温度が下がるという『熱平衡からのズレがあったためだ』と考えられる。もし、宇宙が再び、宇宙初期のような高温状態に戻ることがあるならば、また元の『反粒子』も存在する宇宙に戻れるかも知れないが、宇宙が膨張し、その結果として宇宙温度が3K まで下がって

しまったため、未来永劫、それはありえない……。

Tは時間反転で、もはや宇宙の時間が戻る（対称性）ことはあり得ないから、「CP対称性が破れたまま」となるという結論です。その場合、正のバリオンが残り、いまの宇宙があることになります。

実験から、標準モデルのクォークセクターでのCP対称性が破れることが確認されたわけで、それは小林・益川の予言どおり、「標準モデルの枠内でのCPの破れ」だったのです。しかし、宇宙のバリオン数非対称を作るためのCPの破れは、このクォークセクターのCPの破れでは不十分であったことが知られており、大問題となっています。今後、研究で明らかにしなければなりません。

## ●反粒子のほうが少なかったのは偶然？それとも……

では、粒子がほんのわずか多かった（反粒子が少なかった）というのは、偶然なのか否かも気に掛かります。現時点では、偶然だと考えられています。我々が住んでいるこの宇宙の性質がそうだった、ということです。もし、われわれの宇宙以外にも「別の宇宙」があれば、そこでは反粒子のほうが多い宇宙で、われわれの宇宙とは逆になっているかもしれません。あるいは、まったくCPが破れておらず、バリオンと反バリオンが同数の宇宙があったなら、そこではすべての粒子・反粒子が消滅してしまい、恒星や銀河などは生まれない無人の世界になっているかもしれません。われわれは、多いほうを「正のバリオン」と名づけただけのことです。反粒子のほうが多ければ、そちらを「正のバリオン」と呼んでいたでしょう。

なお、「粒子」と「反粒子」の差である$10^{-10}$（100億個に1個）の意味ですが、これは正確には「バリオン数の非対称性と光子数」の比です。バリオン（b）の数を$n_b$とし、それを光子（フォトンγ）の数密度$n_\gamma$で割った「$n_b/n_\gamma$」が$10^{-10}$になる、ということです。

このわずかな差は、宇宙観測と宇宙論の理論を比較することにより、測られました。たとえば、ビッグバン元素合成による軽元素合成によるものと、宇宙背景放射（CMB）によるものの2つの独立した成果です。

## ●バリオン数は何から決められたか？

ここでは、ビッグバン元素合成の例を紹介しましょう。次ページの図7-5-2のグラフを見てください。横軸がバリオン数です。イエータ（η）と書いてありますが、これは先ほどの「バリオン数の非対称/フォトン数 比（$n_b/n_\gamma$）」です。この数を$10^{-10}$～$10^{-9}$の幅で調べています。

グラフの見方としては、直線または曲線は理論値（関数）です。ボックス表示は観測値です。その重なっている部分が、理論と観測から「正しい」と考えられるηの値です。

1番上の斜め線がヘリウム4の重さの比の変化です。ηの関数になっています。$Y_p$と書いてあるのは、（ヘリウム4のエネルギー密度）/（全バリオンのエネルギー密度）で、理論値では1/4くらい、0.25です。このことは前にも、ヘリウムが全バリオンの1/4という計算で少し触れました。

理論値に対し、観測値はこの大きなボックスです（右上）。これは我々の銀河の外にあるヘリウム４がどのくらいの量あるかを調べた結果です。この$\eta$が$10^{-10}$くらいあると、その観測値と合致します。

重水素（D）と水素の比をその下に示します。重水素の縦軸は$10^{-5}$ぐらいです。理論はD／Hと書かれた右下がりの直線となっています。観測は赤方偏移が３以上の、銀河になり損ねた雲の中

⊕ 7-5-2 標準ビッグバン元素合成（BBN）

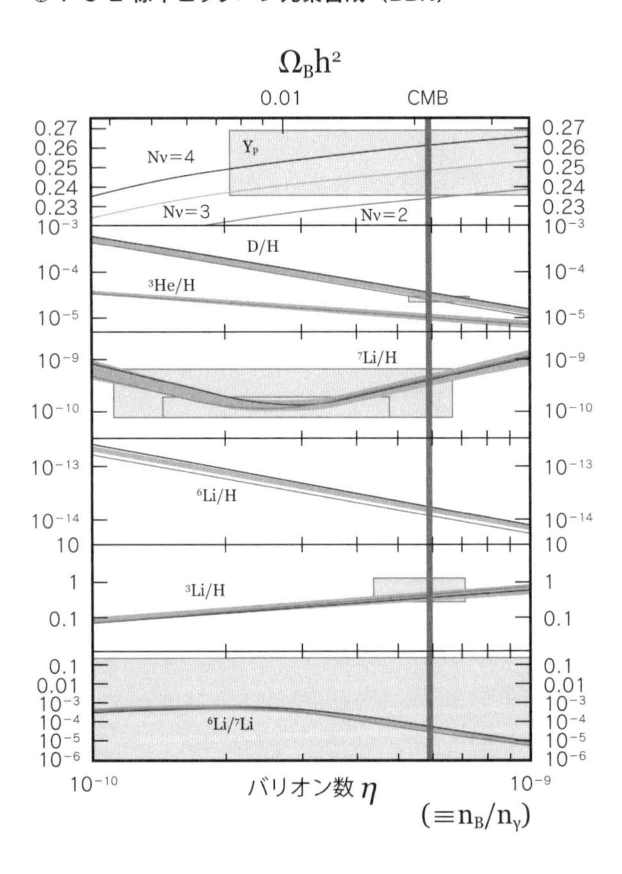

の観測を使います。その雲の中での重水素と水素が、光をどれだけ吸収したかという吸収線の強さを測ることにより、それらの比を求める観測です。ボックスとの重なり部分が、理論と観測と一致する部分です。その他の軽元素も載せています。

$\eta$の分母は光子数でしたが、分母をエントロピー密度にとる場合もあります。その場合、光子だけではなく、すべての粒子の寄与を数えることになり、バリオン比は7倍ほど小さな量になります。そのため、バリオン数の小ささを、およそ約$10^{-10}$と呼ぶのです。このようにして、宇宙のバリオン数というのは、ビッグバン元素合成の理論と観測を比較することから値が決められています。

バリオン数はこれ以外にも、宇宙背景放射（CMB）のゆらぎの情報からも求めることできます。その値を影をつけたバンドとして、描いています。ビッグバン元素合成から求めたバリオンの量は、CMBから求めたものと無矛盾であることがわかりますね。

# 6 陽子の終焉

本書の最後に、陽子の寿命と宇宙の未来について述べておきましょう。陽子の寿命は平均で$10^{34}$年といわれています。これはスーパーカミオカンデでの計測によるもので、少なくとも$10^{33}$年よりも長いことが示されています。$10^{34}$年とはどのくらいの長さかというと、これまでの宇宙の歴史（約138億年）を1000兆回繰り返し、さらにそれを10億回繰り返す……という気の遠くなるような寿命です。

この陽子が崩壊するときには、レプトンと中間子に分かれます。例えば、陽電子と$\pi^0$中間子へ崩壊するなどです。

$$p \to e^+ + \pi^0$$

陽子の寿命はほとんど無限なのに、どうして陽子が崩壊したときに上記のように崩壊する（分かれる）とわかるのでしょうか。

それは、たくさんの陽子を集めればよいのです。陽子の平均寿命は$10^{33}$年～$10^{34}$年ありますが、無数の陽子をもってくると、1年以内に壊れる超短命な陽子も見つかります。

「陽子の寿命は$10^{33}$年～$10^{34}$年」というのは、あくまでも確率的（平均的）な話です。人間と同じで、「平均80歳」といっても、生まれてすぐに亡くなる子どももいれば、100歳を超えても生きる人もいます。陽子崩壊も同じです。

「陽子でさえ、崩壊する」――われわれの体をつくり、太陽や地球をつくっている陽子でさえ、いつかは崩壊することが予言されているのです。崩壊した後、陽電子と中間子ができますが、中間子は不安定なのですぐに崩壊します。ということは、陽子が崩壊しきってしまうと、宇宙には、電子、陽電子、ニュートリノ、光子だけが残された世界になります。

陽子が新たに生まれてくることはありません。陽子は宇宙初期の超高温の時代にクォークからいっせいに生まれました。その後、同じような高温の状態に戻ることがない以上、陽子は新たに補充されません。消えていくのみです。

$10^{34}$ 年後に陽子が次々に崩壊していけば、いま見ている我々の銀河も消えてなくなり、超銀河団も消えてしまうわけです。宇宙そのものは残りますが、物質は消えてしまうのです。

おそらく、宇宙はその後も加速膨張を続け、電子、陽電子、ニュートリノ、光子だけが、果てしなく宇宙を飛び回っていることになります。

これが最新宇宙論と大統一理論の予言に基づく、未来の宇宙の姿です。そう思うと、現在 138 億歳の宇宙は非常に活発であり、いわば青春時代を謳歌しているのかもしれません。その時期に居合わせた人類が、夜空を見上げて星を見ることができるのは、それだけでも幸せなことなのかもしれません。

# 付録

266 — 267

# Appendix-1
# 陽子の寿命はなぜ$10^{34}$年程度になるのか？

大統一理論（GUT）によれば、“無限の寿命”とされる陽子でさえ、陽電子（$e^{+}$）や$\pi$中間子（$\pi^{0}$）に崩壊します。といっても、陽子の寿命は少なくとも$10^{33}$年以上、いや$10^{34}$年以上ともいわれる、とんでもなく長い寿命をもっています。その理由は、大統一理論に現れるヒッグス粒子の質量がGUTのエネルギースケールであり、とんでもなく重いためです（約$10^{15}$～$10^{16}$GeV）。

陽子崩壊のエネルギー（約0.938GeV）では、量子力学的に考えても、GUTヒッグス粒子が仮想的にでも短時間に現れる確率がとても低く、なかなか現れないということから、そのような長い寿命となっています。スーパーカミオカンデの水の中の陽子の崩壊が起こっていないことから、「陽子→陽電子＋$\pi^{0}$」に壊れるモードに対しては、$10^{33}$年以上と報告されています。

超対称性理論に基づくGUTモデルでは、さまざまな効果から、陽子の寿命は$10^{34}$年程度になるため、超対称性理論など標準モデルを超える物理の兆候が見えはじめたという解釈がなされています。

超対称性GUTモデルでは、GUTヒッグス粒子の質量が一桁上がって約$10^{16}$GeVとなること、まず超対称性粒子が現れてから標準粒子に壊れるというプロセスが入ることから、寿命が長くなる傾向があります。この効果が、超対称性なフェルミオン粒子が媒介することで寿命が短くなる効果を上回って、寿命を長くするのです。

## Appendix-2
## SUという対称性について

大統一理論（GUT）がもつ対称性として、SU（5）という群や、SO（10）という群などが提案されています。

物理の理論が群の対象性をもつとは、その群の成分を表わす行列がいくつかあり（たとえば $\begin{pmatrix} a & b \\ c & d \end{pmatrix}$ など）、その行列を方程式などに掛け算しても、理論が対称となり不変性を示すという意味だとイメージしていただけると、だいたいよいと思います。行列の掛け算とは、パズルなどでも出てくる、行列同士のへんてこな掛け算のルールのようなものです。たとえば、

$$\begin{pmatrix} x' \\ y' \end{pmatrix} = \begin{pmatrix} a & b \\ c & d \end{pmatrix} \times \begin{pmatrix} x \\ y \end{pmatrix} = \begin{pmatrix} ax+by \\ cx+dy \end{pmatrix}$$

という、新しい $\begin{pmatrix} x' \\ y' \end{pmatrix}$ という量で書いても、$x$ と $y$ が従う方程式は変わらないという不変性を表わすようなものです。この相転移では、そうした大統一の対称性が破れて、SU（3）× SU（2）× U（1）という、違う群の対称性が現れることを意味しています。ここでいう掛け算（×）とは、上記の例と似ていますが、群同士の間で定義されている掛け算という意味です。たとえば、

$$\begin{pmatrix} a & b \\ d & e \end{pmatrix} \times \begin{pmatrix} g & h \\ i & j \end{pmatrix} \times c = \begin{pmatrix} c(ag+bi) & c(ah+bj) \\ c(dg+ei) & c(dh+ej) \end{pmatrix}$$

のやりかたのようにイメージしていただけるとよいと思います。

SU（3）× SU（2）× U（1）の対称性とは、この掛け算のような方法でつくられた、新たな行列に対して、方程式が不変になっているという対称性のことを意味します。なお、SU（3）、SU

(2)、U（1）は、それぞれ順番に、強い相互作用、弱い相互作用、電磁気の相互作用の対称性を表わします。

それぞれの群に付随して、ゲージ場と物質粒子の**結合定数**という、結合の度合いを表わすパラメータがそれぞれあります。SU（2）とU（1）の結合定数は、1よりも小さく、一方､SU（3）の結合定数は、今の世界のような低エネルギー（低温度）の世界では、1に匹敵するぐらい大きいのです。

電磁相互作用と弱い相互作用では、相互作用の起こる頻度、つまり散乱の頻度の計算は、結合定数の4乗に比例する項が一番大きく、次の近似として、6乗に比例する項が効くというふうに、結合定数の高次の次数で展開するように計算されます。2項目以降を**高次補正**とか、高次の展開と呼びます。

QCDが従うSU（3）の結合定数も、高いエネルギーに行くと、だんだん1より小さくなってくるので（**繰り込み群効果**と呼ばれる)、上記のように結合定数の次数に応じて展開して、近似して解くことができるようになります。逆に低エネルギーの世界では、QCDの計算を手で解くことができなくなるため、コンピュータによるシミュレーションが必要となるのです。

## Appendix-3
## ニュートリノ振動の発見

宇宙線から観測されるミュー粒子（第2世代）はどのようにして生まれるのでしょうか。

宇宙線の陽子が地球にやってきたとき、空気中の窒素の中の核子とぶつかります。その際、「**パイ中間子**」（パイオン）という3種類の粒子（$\pi^0$、$\pi^+$、$\pi^-$）がほぼ均等につくられますが、パイ中間子は不安定な粒子であるためにすぐに壊れます。荷電的に中性の粒子である$\pi^0$は約135MeVの質量をもち、量子異常（アノマリー）によって2つの光子に壊れるため、たいへん短い寿命です（約$10^{-16}$秒）。

一方、荷電をもつパイ中間子（$\pi^+$と$\pi^-$）については、事情が異なります。最初に、$\pi^-$について考えましょう。

$\pi^-$という粒子は質量約140MeVで、壊れるときに第2世代のレプトン2つ（ミュー粒子＝$\mu^-$、反ミューニュートリノ＝$\bar{\nu}_\mu$）を出します。

$$\pi^- \longrightarrow \mu^- + \bar{\nu}_\mu$$

「なぜ、第1世代のレプトン対ではないのか」という疑問もわきます。実は、そこには深い理由があるのです。擬スカラー粒子（スピン0）である$\pi^+$（パイ中間子）が、スピン1/2の粒子である$\bar{\mu}$と、スピン1/2の反粒子である$\bar{\nu}_\mu$とを正反対の方向に出すとき、角運動量の保存を考えないといけません。質量の圧倒的に軽いレプトン対を出すとき（$e^+ + \nu_e$など）には、角運動量保存に抵触します。同じ方向に、もし、お互いに逆向きに自転している粒子を出すなら、トータルのスピンがゼロで、辻褄が合うのです。しかし、止まっている$\pi$中間子の２つの軽い粒子への崩壊では、運動学的に（運動量保存の観点から）２つの粒子を正反対に出さなければなりません。質量の無視できるような、$e^+ + \nu_e$ではダメですが、質量の大きい$\mu^+ + \nu_\mu$なら、角運動量保存も満たしながら、運動量保存も満たすように出すことができます。そのため、$\pi^- \to e^- + \bar{\nu}_e$は$\pi^- \to \mu^- + \bar{\nu}_\mu$より、起こりにくいのです。

また、その反粒子の$\pi^+$の場合については、上記の反応をすべて反粒子に置き換えればよいわけです。つまり$\pi^+ \to \mu^+ + \nu_\mu$となります。$\pi^\pm$の寿命は約１億分の２秒です。ミュー粒子の寿命（約100万分の１秒）より短いことがポイントになっています。こうして上空から降ってくるミュー粒子を、地上で検出することになります。

もっと進めて、こうしてつくられた大気ニュートリノも検出されています。ミュー粒子は崩壊して、$\mu^- \to e^- + \bar{\nu}_e + \nu_\mu$か、$\mu^+ \to e^+ + \nu_e + \bar{\nu}_\mu$のプロセスでニュートリノを出します。つまり、１つの荷電$\pi$中間子から、ひとつの電子ニュートリノのタイプ（もしくは$\bar{\nu}_e$）と、２つのミューニュートリノのタイプ（$\nu_\mu$もしくは$\bar{\nu}_\mu$）がつくられます。両者の比は、１対２です。

これら大気ニュートリノはスーパーカミオカンデで、詳細に調べられています。ニュートリノは水分子中の核子や電子と散乱します。大量の水を準備して待っていれば、散乱でつくられる高エネルギー電子やミュー粒子は水中の光速を超えることができ、チェレンコフ光を出します。それをとらえれば、どれだけのニュートリノがやってきたのかを知ることができます。電子ニュートリノ（第１世代）とミューニュートリノ（第２世代）とでは、核子や電子との散乱の頻度が違います。これは、世代の違いに起因しています。

一方、宇宙線の量は、ほぼ正確に計られています。大気中の窒素や酸素の中の核子と相互作用して、どれだけ、どの種類のニュートリノがつくられるか、そのエネルギー依存性はどのようなものかも、理論的に予想できます。こうして、スーパーカミオカンデ中で、どの種類のニュートリノがどれくらいの頻度でとらえられるか、理論的に予想できるのです。

ところで、ここで1つの問題が起きました。スーパーカミオカンデでとらえられたニュートリノの種類について、電子ニュートリノとミューニュートリノの比は1対2ではなく、1対1に近かったことです。これは「**大気ニュートリノ問題**」として知られています。

なぜこうなったのか。結論を先に言えば、もしニュートリノに質量があれば、この問題は解決されるのです。ミューニュートリノがタウニュートリノに振動して、消えてしまったというものです。これらは「**ニュートリノ振動**」と呼ばれる現象です。

電子ニュートリノ$\nu_e$、ミューニュートリノ$\nu_\mu$、タウニュートリノ$\nu_\tau$という分け方は、どの荷電レプトンと相互作用しやすいかという、相互作用の観点からなされました。そのことと、ニュートリノが質量をもつこととは、別の概念なのです。質量で分類しますと、例えば質量の軽い順番に番号をつけて$\nu_1,\nu_2,\nu_3$と呼んだとします。これらの順番の状態と、上記の$\nu_e,\nu_\mu,\nu_\tau$の順番の状態とは同じである必要はありません。さらに、量子力学では、お互いに混ざり合ってもよいのです。上空でつくられたときに$\nu_\mu$でも、スーパーカミオカンデで検出されるときには、$\nu_\tau$の性質に近くなっているというのです。このようにして、ニュートリノ振動が起きて、つくられたはずの$\nu_\mu$が、$\nu_\tau$に変身してしまい、$\nu_\mu$の数が減ったように見えるのです。

観測に合うためには、$\nu_3$と$\nu_2$の質量の２乗の差が、約（0.05 eV）の２乗の量が必要だということもわかってきました。また、その混ざり具合が極めて1：1に近いこともわかってきたのです。

この現象を発見したのが、本文でも触れたように東京大学宇宙線研究所の梶田隆章さんであり、2015年のノーベル物理学賞をSNO実験のマクドナルドさんと共に受賞されたのです。

スーパーカミオカンデとカナダのSNO実験は、さらに太陽でつくられる$\nu_e$を検出することで、$\nu_e$とそれ以外のニュートリノの振動、例えば$\nu_e$から$\nu_\mu$への振動を発見しました。これは、標準太陽モデルで期待される$\nu_e$の数より、実際に地球で観測される$\nu_e$の数のほうが少ないという「太陽ニュートリノ問題」を解決する方法を与えました。問題の解決のために必要な質量の２乗の差が、約（0.005eV）の２乗であり、こちらも、どちらかというと1：1に近いような比較的大きな混ざり具合を与えることから、クォークでの小林・益川行列に現れる混合の様子とまったく異なる構造であることがわかってきました。小林・益川行列に現れる混合の様子は、世代間で混ざるといっても、ちょっと混ざり合うぐらいの混ざり具合だったからです。

## Appendix-4
## ヒッグスが電子に質量を与えるメカニズム

$x$ 軸、$y$ 軸、$z$ 軸の原点（左上の図）にいたときは、ヒッグス場 $\phi$ の真空期待値の値＜ $\phi$ ＞＝ 0 でした。温度が下がったために、ワインボトルの底にポトっと落ちると、＜ $\phi$ ＞＝ 0 ではなく、＜ $\phi$ ＞＝ $v$ という値をとることになります。

**⊕ヒッグス場の真空の相転移**
横軸は場の値 $\phi$。縦軸はポテンシャルエネルギー $V$。原点は場の値がゼロ（＜ $\phi$ ＞＝ 0）、低エネルギーの真空の場の値は、＜ $\phi$ ＞＝ $v$ を表わす。

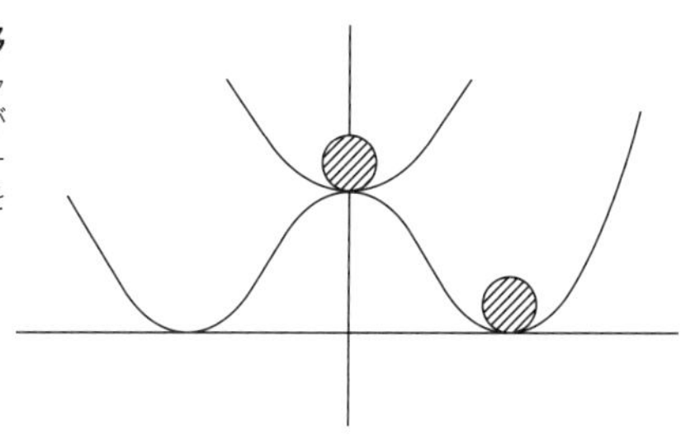

ここで、1つ不思議なことが起こります。場の値がゼロでない値＜ $\phi$ ＞＝ $v$ というものをもってしまったせいで、ヒッグス場 $\phi$ と結合している「素粒子が質量を得る」ということになります。ラグランジアン密度 において、電子の質量項は次のように書かれます。

$$L = -\, y_e \phi \bar{\Psi}_e \Psi$$

ここで、$m_e = y_e\phi$ は電子の質量を表わします。$y_e$ は電子の湯川結合定数と呼ばれる、電子とヒッグス場との相互作用の強さを表わします。$\phi$ はヒッグス場の場の値。$\Psi_e$ と $\bar{\Psi}_e$ は、おおざっぱには、電子と陽電子のことを意味します。

宇宙の温度が 100GeV よりずっと高いとき、$\phi = 0$（＜ $\phi$ ＞＝ 0）だった、それが温度が 100GeV あたりにくると、$\phi = v$ となり、$\phi$ はゼロではなくなったと理解します。これで電子が質量を

**274 — 275**

もったことになります。

もう一度説明すると、宇宙初期には質量はなく$\phi = 0$です。だから、電子の質量 は、$\phi$のところに0を入れると、ゼロになることがわかります。

ところが、対称性が破れたため、$\phi = < \phi > = v$となったために、電子の質量は$m_e = y_e \phi y_e \nu$になりました。$v$の値は実験により、246GeVということがわかっています。そのため、$m_e = y_e \phi 0.511\mathrm{MeV}$を満たすためには、$y_e$の値をだいたい$10^{-6}$にとります。これが電子に質量が与えられたメカニズムです。

湯川結合定数の大きさは、ヒッグスが電子とぶつかる強さを特徴付けています。湯川結合定数が大きければ大きいほど、ヒッグスがぶつかってきて、電子が動きにくくなることを表わしています。つまり、電子が質量を得るということは、与えられた質量のために、電子が動きにくくなることを表わしているのです。「質量とは、動きにくさの指標である」とイメージしておくと、より物理的な直感を働かせやすいと思います。

このメカニズムは、電子だけではありません。電子以外のレプトン（第２世代のミュー粒子、第３世代のタウ粒子）なども、湯川結合定数が違うだけで、同じメカニズムで質量が与えられます。つまり、それらの湯川結合定数は質量に比例して、大きくなるというわけです。

**●陽子の質量を得るメカニズム**

陽子の質量を得るメカニズムは少し複雑です。クォークはヒッグス場の真空の相転移で、質量をもちます。その質量だけでは不十分で、その後のQCD相転移のときに、クォーク３個とグルーオンで、陽子、または中性子にならなければいけません。実は、そのときにまた別のメカニズムで質量をもらって陽子と中性子の質量になっていると考えられているのです。

「不十分」という意味を説明しましょう。たとえば、陽子は2つのアップクォークと1つのダウンクォークからできていますね。実験値からわかっていることなのですが、アップクォークの質量は約3MeV、ダウンクォークの質量は約5MeVとしましょう。約と書いたのは、不定性がかなり大きいからなのですが、ここでは数字がそのように決まっているとして使用しました。そうすると、合計すると、近似的にですが、陽子の質量は約11MeVにしかなりません。実際の陽子の質量は11MeVどころか、938MeVもあります。まったく計算が合いません。これは、実験で決まる質量の不定性を考慮しても、まったく説明がつかないぐらいの大きな食い違いです。

以上のように、ヒッグス場が「クォーク」に与えた質量はほんの一部でしかなく、別のメカニズムで陽子や中性子の質量は938MeVになっていることが予想されます。それが何なのかは、まだわかっていません。研究者の予想として、QCD相転移のときの「カイラル対称性の破れ」と呼ばれるメカニズムにより、質量を得ているのではないかと考えられています。

| 世代 | 名前 | 記号 | 質量($MeV/c^2$) |
|---|---|---|---|
| 第1世代 | アップ | u | 1.7～3.1 |
| | ダウン | d | 4.1～5.7 |
| 第2世代 | チャーム | c | $1{,}290^{+50}_{-110}$ |
| | ストレンジ | s | $100^{+30}_{-20}$ |
| 第3世代 | トップ | t | 172,900 ±600 ±900 |
| | ボトム | b | $4{,}190^{+180}_{-60}$ |

◀クォークの質量の実験値。素粒子論では、光速cを1にとる単位系を使うことが多く、質量は$MeV/c^2$と表された場合にでも、MeVと読み替える。

より正確に書きますと、アップクォーク、ダウンクォークの質量には、上記のように、不定性の幅があります。アップクォークの場合、1.7 ～ 3 MeV で、ダウンクォークは 4.1 ～ 5.7MeV とされています。効果を最大に見るために、計算に使った数値はその中でも大きめの値を使いました。しかし、それでも約 11MeV にしかならないのです。この点はまだ解明されていません。

## Appendix-5
## 加速器で素粒子をつくりだす

### ●円形加速器と線型加速器の違い

素粒子を研究するには、6章でも触れたように、宇宙線を観察する方法がありますが、もう一つ、「**加速器**で人工的に素粒子をつくる」という手法もあります。この加速器には、円形加速器と線型加速器の2種類があります。

円形加速器の場合、線形加速器に比べて「加速しやすい」のが第1のメリットです。なぜ加速しやすいかというと、磁石の周りに粒子を回すと粒子は巻き付くように回ります。電磁石をどんどん強くしていくと、どんどん加速します。

このように、電磁石を多数使って回転させることで加速させることができることと、同じところを回っていきますので、「粒子同士を衝突させやすい」という2つのメリットがあるのです。

その一方、回転しているとシンクロトロン光子を出してエネルギーをロス（放射ロス）しますので、加速という意味ではデメリットになります。

スイスのジュネーブにあるCERNの加速器LHCは円形加速器の代表です。直径が10km、円周は30km、地下1000 mにあります。山手線とほぼ同じくらいの巨大なサイズです。円形加速器には電磁石があって、陽子pが中のリングを回り、陽子同士を衝突をさせます。このとき、高エネルギーでクォークとクォークが衝突します。そのとき、強い相互作用をする粒子がシャワー的に大量にできることになります。そのシャワーの中に、ヒッグス粒子ができましたし、ダークマターもできるのではないかと期待されています。

### ●KEKの円形加速器「ベル」

LHCのエネルギーには及ばないものの、日本にも同様の円形加速器がいくつもあります。その1つにKEKの「Bファクトリー（KEKB）」という施設があります。エネルギーフラックスでは世界一です。ここでは、電子と陽電子を2つのリングに蓄積し、ぶつける実験をしています。そして、検出器の名前がBelle（ベル）で、さらに新しく開発されたのがBelle II（ベル2）です。直径3km、地下10mにあります。陽電子（電子の反粒子）と電子とを測定器のところで衝突させます。

### ●ベル加速器のしくみ

電子と陽電子とを衝突させることで、Zボソン（弱い力を伝える）、光子（電磁気力を伝える）が仮想的につくられます。そして、そのZボソンから「クォーク - 反クォーク」が対生成されます。

とくに期待を寄せているのが、ボトムクォーク（b）とその反粒子（$\bar{b}$）の対生成なのです。このため、「Bファクトリー」と呼ばれています。これらクォーク - 反クォーク対から、大量のハドロンがつくられます。

この$b\bar{b}$対がつくられたのち、Bメソンという中間子がたくさんつくられます。このBメソンの粒子と反粒子の崩壊の様子の違いから、「CP対称性の破れ」が測られたのです。

なお、円形加速器にも種類・目的があって、兵庫県の播磨にあるSPring-8（スプリングエイト）は高エネルギー分野を狙っているわけではなく、円形加速器から発生する「放射光」を利用し、どちらかというと身の周りにある物質の性質や検査に優れたツールです。

具体的にいうと、シンクロトロン光（放射光）を物質（試料）に当て、出てきた物質を測ります。それによって、カレーのなかに砒素が入っているかを計測しましたし、はやぶさがもち帰った物質は何なのかなどを検証します。物質といっても素粒子のことではありません。石の組成から太陽系の形成を知ろうするため、ずいぶん用途が違います。

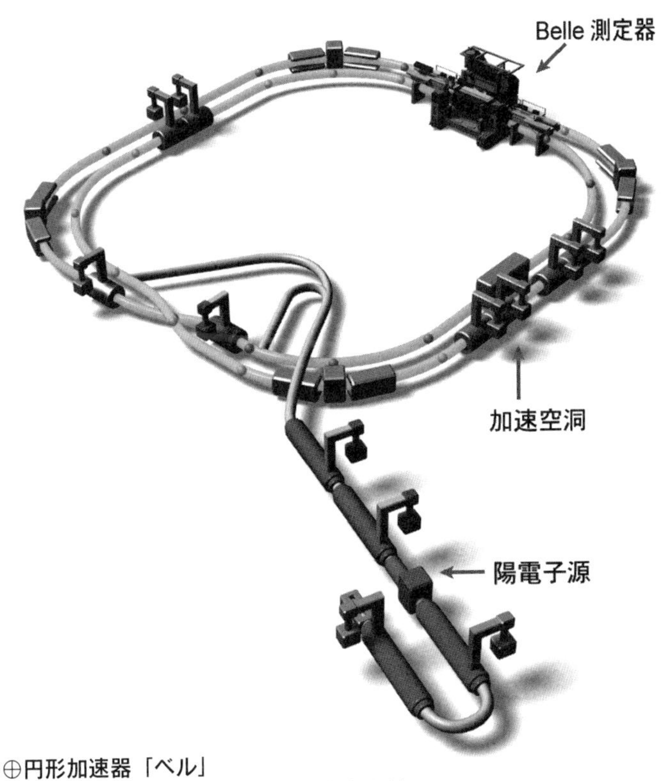


⊕円形加速器「ベル」
（画像提供：高エネルギー加速器研究機構（KEK））

## ●線型加速器 ILC

円形加速器に対し、「**線型加速器**」と呼ばれるものがあります。これは電子や陽子を回転させることなく、まっすぐに加速して衝突させます。線型加速器は曲げる必要がないので、シンクロトロン放射によるエネルギー・ロスはありません。効率よくエネルギーを加速できます。

**⊕線型加速器「ILC」**
（画像提供：高エネルギー加速器研究機構（KEK））

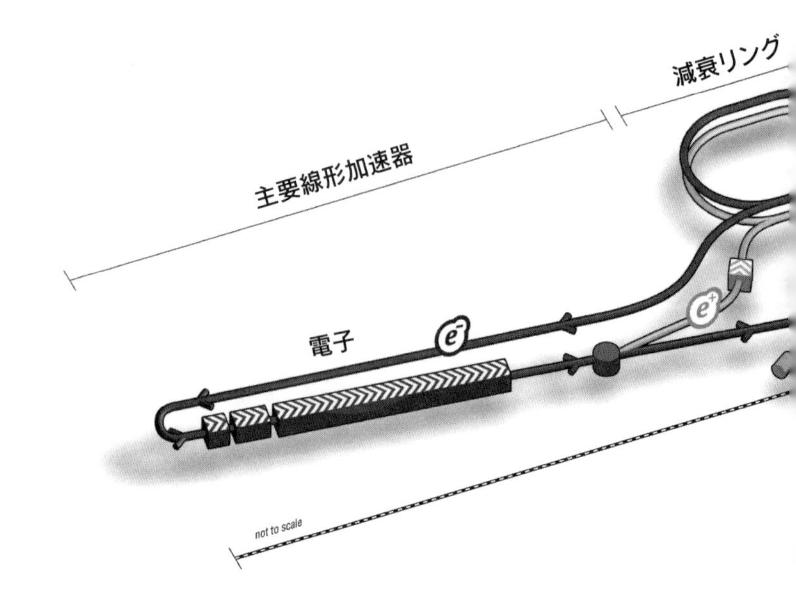

ただし、線型加速器の場合、衝突のチャンスは1回勝負です。ワンチャンスに失敗したら、そのビームの粒子は捨てることになります。よって、正確に的を絞るような技術が必要です。

KEKでも非常にビームをしぼり、高確率でぶつけられる技術をもっています。その技術開発はすでに終わっており、それによって国際協力による巨大な線型加速器である「**国際リニアコライダー**（ILC：International Linear Collider)」の実現に向かって拍車が掛かっています。

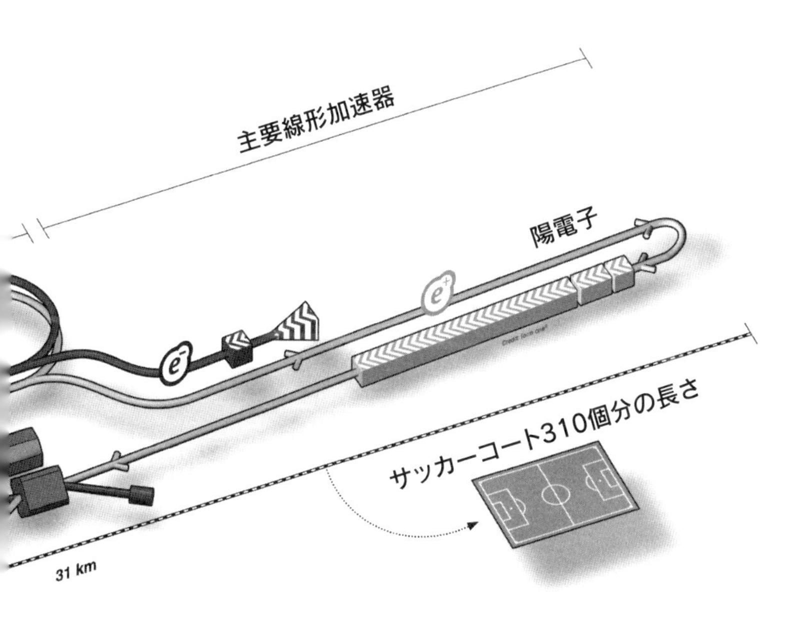

# INDEX

## 数字・アルファベット



## ア行



## カ行

## サ行



## タ行



## ナ行

## ハ行



## マ行



## ヤ・ラ・ワ行

【著者紹介】

郡 和範（こおり・かずのり）

1970年兵庫県加古川市に生まれる。現在、高エネルギー加速器研究機構（KEK）准教授、総合研究大学院大学准教授を兼任。2000年東京大学大学院理学研究科物理学専攻博士課程修了。2004年米ハーバード大学ハーバード・スミソニアン天体物理学センター博士研究員、2006年英ランカスター大学研究助手、2009年東北大学助教、2010年高エネルギー加速器研究機構助教、2014年より現職に至る。この間、京都大学、東京大学、大阪大学の博士研究員に従事。

主な研究内容は宇宙論・宇宙物理学の理論研究（キーワード：ビッグバン元素合成、インフレーション宇宙論、ダークマター、バリオン数生成、ダークエネルギー、ニュートリノ、ブラックホール宇宙物理学など）。

# 宇宙（うちゅう）はどのような時空（じくう）でできているのか

2016年1月25日　初版発行

2016年4月5日　第2刷発行

著者●郡 和範

装幀●角田有右

本文・図版●角田有右

編集協力●編集工房シラクサ（畑中 隆）



発行者●内田真介

発行・発売●ベレ出版

〒162-0832 東京都新宿区岩戸町12 レベッカビル

[TEL] 03-5225-4790 [FAX] 03-5225-4795

[ホームページ] http://www.beret.co.jp/

[振替] 00180-7-104058

印刷●三松堂株式会社

製本●根本製本



ISBN 978-4-86064-461-1　編集担当●坂東一郎